자유학기제를 위한 수학반 보물창고

# 살아있는
# 수학교과서

자유학기제를 위한 수학반 보물창고

# 살아있는 수학교과서

배숙 지음

미다스북스

## 들어가는 말

자유학기제가 전국적으로 시행된 지 2년, 이제는 자유학년제로 확대된 학교가 늘고 있으나 체험·진로 쪽과 다르게 주제탐구형으로 진행되는 수학과 수업에서는 실제 교사들이 바로 사용할 수 있는 차시별 수업 자료를 담은 책이 없다. 제공되는 장학 자료 및 개발 자료들이 부족한 데다 학교 현장의 교사들이 사용하기 위해서는 다시 재구성이 필요하다. 그러나 자료 개발에 시간을 쏟을 시간이 부족한 교사들에게는 부담이다. 직무 연수나 워크숍 등을 통해 만난 선생님들과 자유학기제를 주제로 이야기를 나누면, 이론서나 장학 자료가 아닌 실제 학교 현장에서 사용할 날것의 자료를 원하는 경우가 많았다.

이 책은 이러한 자유학기제를 운영하는 수학교사들을 지원하기 위하여 2015년부터 3년 동안 수학과 주제탐구로 진행한 '아하 수학', '꼼지락 수학사랑', '푸는 수학' 반의 34차시 차시별 지도계획과 차시별 수업 활동지, 학생 활동의 실제 모습을 비롯하여 학생들의 자기성찰 평가까지 일련의 자유학기제 운영 수업 활동 자료를 '날것' 그대로 실어 현장 교사들의 수업을 지원하고자 한다.

수업의 철학과 방향에 대하여 고민하는 교사들이 늘고 있고, 각종 정책을 현장에서 구현해야 하는 교사들은 힘겹다. 수업 모형, 수업 기법을 찾아 이리저리 연수를 쫓아다니지만 너무도 훌륭한 사례 앞에 주눅이 들고, 그나마 연수에서 해본 활동들을 교실에서 적용하자니 너무 버겁고 제대로 되지 않는다. 왜냐하면 교실은 기법이나 매뉴얼로 교육이 이루어지는 곳이 아니라 살아 움직이는 삶의 공간이기 때문이다. 그래서 내 교실에 맞는, 내 아이들에게 맞는 활동, 수업 방법, 교육이 필요하다. 아이들과 함께한 자유학기제 수업 활동을 담은 차시별 활동지를 통해 '무엇을, 어떻게, 왜 했는지' 공감을 나누고 싶다. 이를 통해 내실 있는 자유학기제 수업을 꿈꾸는 교사들이 작은 도움을 얻고, 꿈과 끼를 키우는 교육정책이 현장에서 구현되기를 바란다. 특히 신규 교사들에게는 자유학기제의 운영뿐 아니라, 수학 수업의 방향성을 고민하고 수학 교사로서 철학을 정립해나가는 데에도 도움이 될 것이다.

매뉴얼이나 기법을 알려주는 것이 아니라 실제 수업에서 사용한 자료를 그대로 제시하였다. '장기 기증'하는 마음으로 3년간 운영한 102차시 중 중복되는 내용을 빼고 25주제(50차시)에 해당되는 내용을 실었다. 제공하는 수업 자료가 '배움이 즐거운 수학 수업'을 위한 발판이 되고, 각 교실에서 선생님들께서 재구성하시는 데 참고 자료가 되길 바라는 마음으로 차시별 학습지는 바로 복사하여 사용할 수 있도록 한 면에 배치하였다.
또한 자녀에게 교과서 밖의 다양한 수학을 경험하게 해주고 싶은 학부모가 가정에서 자녀와 함께 해보는 활동 자료로 사용할 수 있도록 구성하였다.

내년에는 연계 자유학년제 운영을 위한 차시별 운영에서 5~10차시, 또는 17차시를 하나의 주제로 탐구해보는 융합 프로젝트도 해볼까 계획하고 있다.

**차례**

## IV 신기하고 아름다운 '기하'의 세계

## V 손으로 느껴보는 체험수학

## VI 부록

# I

## 수학을 공부하는 이유

### 1. 수학, 왜 배울까?

- 첫 시간, 그 시작과의 만남은
- 수학의 필요성 관련 영상 & 이야기
- 3WHY

# 01. 수학, 왜 배울까?

⊙ **수업의 흐름**

첫 시간, 그 시작과의 만남은 ▶ 수학의 필요성 관련 영상 & 이야기
▶ 3WHY 활동 ▶ 활동결과 나누기

▣ **뭘 준비하지?**

첫 시간에 대한 선생님의 기대, 5WHY, 3WHY 전략에 대한 이해, 학생활동지, 수학의 필요성을 알려줄 영상, 노트북, 모둠 활동 및 발표를 촉진시킬 수 있는 전략

**첫 시간, 그 시작과의 만남은**

자유학기제 첫 시간은 "주제탐구 활동으로 왜 수학을 선택했는지, 우리가 수학을 왜 배우는지"에 관해 서로 이야기하고, 앞으로 진행할 34차시의 수업 규칙을 세우고, 수업에서의 기대사항을 나누는 시간을 갖는 것이 좋다.

아이들과 함께 꾸려갈 34차시 수업의 큰 그림을 그리는 출발점이 된다는 의미가 있다. 어린왕자와 여우처럼 우리 아이들과 수학을 통해 함께 서로 길들이기를 시작하는 시간이다. 행성의 장미꽃은 다른 장미와 똑같이 생긴 장미지만 어린왕자가 선택한, 시간을 내어 물을 주고 돌본 '세상에 하나밖에 없는' 장미다. 이처럼 선생님들은 아이들을 소중하게 돌보고 책임을 다해야 한다.

아이들 이름을 차례로 부르며 눈 맞추기를 시작으로 우리의 만남을 열어간다. '학생 한 명 한 명을 소중한 나의 장미꽃으로 대하고 책임을 다하리라'는 의미를 담은 눈맞춤이다. 그리고 나의 수업 철학과 비전, 미션과 함께 수학 수업의 방향과 기대사항, 필요한 준비물, 배움을 확인하는 평가와 기록에 대한 이야기를 한다.

"오늘 수학 수업이 5교시에 들었다면 등교하면서부터 행복해지기 시작할 거야."라는 고백이 선생님과 학생들에게서 나오길 기대한다. 배움과 가르침에 대한 설렘과 기대가 있도록 어린왕자가 장미꽃에 들인 시간과 노력으로 우리도 서로를 길들여가고 책임을 다하기로 약속한다.

## 수학의 필요성 관련 영상 & 이야기

"수학을 왜 배워요?"

"수학은 배워서 어디다 써먹어요?"

"이걸 왜 공부하는지 모르겠어!"

수학이 삶과 실생활에 필요하다는 것을 아이들 스스로 느낄 수 있도록 해야 한다. 단순히 주어진 문제를 풀고 답을 구하는 것이 아니라 문제를 풀면서 규칙을 지키고 논리적으로 옳은지 추론해야 한다. 그 과정에서 수학적으로 사고하고 논리적으로 문제를 해결하는 힘을 키우게 된다. 이 문제해결력과 생각하는 힘은 생활 속 여러 가지 문제를 해결할 수 있는 바탕이 된다.

그래서 **수학 교육은 주어진 문제를 실수하지 않고 빨리 푸는 방법을 가르치는 것이 아니라 '왜 배우는지'를 보여줘야 한다.** 우리가 배우는 수학적 사실은 하늘에서 뚝 떨어진 것이 아니다. 수천 년 동안 수많은 수학자들은 호기심을 가지고 "왜?"라는 질문을 던졌다. 그리고 수학은 이 질문에 답하기 위해 연구하고 고민하는 과정에서 발견된 새로운 생각들이 이론으로 정리된 것이다. 다른 학문들이 그러하듯 수학 역시 인간의 필요에 의해 만들어졌다. 다시 말해 '수학의 속성은 기계적인 공식 적용이 아니라 문제의 본질을 보고 해결방안을 찾는 것'이다.

이제 답을 내기 위해 공부하는 수학, 계산만 열심히 하게 하는 수학은 의미가 없다. 그건 기계가 다 해줄 수 있다. 사람이 해야 하는 중요한 일은 그 안에 어떤 내용이 있고 무슨 의미가 있는지 파악해서 다음을 예측할 수 있는 힘을 기르는 것이다.

### ◑ EBS 다큐멘터리 〈문명과 수학〉

EBS 다큐멘터리 〈문명과 수학〉은 '수학을 왜 배울까? 수학이란 무엇인가?'라는 물음으로 수학에 대한 왜곡된 인식을 바로잡는다. 문명을 탄생시킨 '진짜 수학'이 우리 삶과 얼마나 밀접하게 연결되어있는지를 알려주는 프로그램이다. 수업에서는 해당 영상의 '제2부 원론'에서 '점이란 무엇인가' 부분을 활용하였다.

'점'을 그리라면 우리는 서슴없이 ●을 그릴 것이다. 그러나 누군가가 이건 점이 아니라 '원'이라고 한다면? 그렇다면 이번에는 더 작게 •과 같이 그릴 것이다. 그래도 만족하지 않는다면? 그러면 어쩔 수 없이 "점은 존재하지만 그릴 수 없다." 이렇게 대답할 수밖에 없을 것이다. 실제로 '점이란 무엇인가?'라는 이 간단한 질문에 그리스의 철학자들이 매달렸다.

유클리드 『원론』은 '점은 쪼갤 수 없는 것이다.'로 시작한다. 이러한 정의를 바탕으로 여러 가지 공리체계를 쌓은 것처럼 수학을 배우는 목적 중에는 이러한 수학적 사고를 하는 것이 중요한 몫을 차지하고 있다. 미국의 독립선언문도 『원론』의 형식을 따르고 있으며, 다른 학문이나 실생활에 쓰이는 수학에도 원론의 기술 방식이 항상 기둥처럼 버티고 있다. 무릇 대상을 서로 구별하고 비교하는 일들은 모두가 넓은 뜻으로 '수학'이라는 이야기이다. **문명이 발달하면서 수학은 '세상의 모든 지식으로 들어가는 열쇠'가 된 것이다.**

영상을 시청한 후 아이들과 함께 '나는 점을 어떻게 정의할까?'에 대해 생각을 나눠보는 활동도 의미가 있다. 또한, 기하 단원의 기본도형 '점, 선, 면'의 학습에서 보여주면 좋다.

### ◑ 영화 〈박사가 사랑한 수식〉

오가와 요코의 소설을 원작으로 한 작품이다. 사고후유증으로 80분만 기억하는 늙은 박사가 숫자에 담긴 의미로 세상을 이해하고, 자연계를 수식화함으로써 자연을 폭넓고 아름답게 바라보는 의미 있고 따뜻한 영화이다. 작중 인물인 '루트'가 훗날 수학 선생님이 되어 아이들에게 '박사가 사랑한 수식'을 설명하는 부분을 수업에 활용하였다.

$$e^{\pi i} + 1 = 0$$

π와 i를 곱한 수로 e를 거듭제곱해서 1을 더하면 0이 된다.

"한없이 순환하는 수 'π'와, 절대로 정체를 드러내지 않는 수 'i'가 간결한 궤적을 그리며 한 점에 착지한다. 어디에도 원은 없는데 하늘에서 'π'가 'e' 곁으로 내려와 수줍음 많은 'i'와 악수를 한다. 그들은 서로 몸을 마주 기대고 숨죽이고 있는데, 한 인간이 1을 더하는 순산 세계가 전환된다. 모든 것이 0으로 규합된다."

"밤하늘에 빛나는 별 하나의 아름다움, 들에 핀 꽃의 아름다움, 그런 것들은 설명하기 어려운 것처럼 이 수식의 아름다움을 설명하는 것도 어려운 것이죠. 나 또한 모르는 것 천지, 하지만 박사님은 느끼는 것이 중요하다고 가르쳐주셨습니다. 여러분의 직감을 갈고 닦아서 풍부한 감성을 키워주세요. 이 아름다움은 반드시 느낄 수 있습니다. 그러기 위해서라도 수학에 애정을 갖고 함께 노력해주길 바랍니다."

수업 중에는 위와 같은 대사들이 내가 학생들에게 하고 싶은 말이었음을 강조했다.

"이 세상을 만든 창조주가 존재한다면 그 창조주의 직업은 수학자였을 것"이라는 세계적인 물리학자 스티븐 호킹의 말처럼 수학은 모든 학문의 기초이다. 즉, 수학은 세상을 바라보는 창이다. 우리는 수학이라는 창을 통해 양, 패턴, 차원, 변화 등을 탐구하며, 자연 속에 숨어있는 수학의 아름다움을 발견하고, 세상을 체계적이고 추상적으로 이해한다. **수학을 아는 만큼 세상을 볼 수 있고, 이해할 수 있고, 바꿀 수 있다.**

박사가 사랑한 수식처럼 내 마음에 새겨질 삶과 인생에 대한, 사랑에 대한 공식을 수학을 공부하면서 찾아보는 것은 어떨까?

### ◑ 영화 〈21〉

영화 〈21〉은 주인공인 MIT의 학생 벤이 미키 교수의 수업에서 몬티홀 문제에 대해 명쾌하게 답을 하는 장면으로 시작한다. 이를 계기로 벤의 천재성을 확인한 미키 교수는 벤을 라스베이거스로 보내는 계략을 짠다. 벤은 그 곳에서 엄청난 돈을 모으지만 범죄에 연루되는 등 사건 사고에 휘말리게 된다. 그러나 결국 MIT로 복귀해 원하던 하버드대 의대에 입학한다. 이 영화에서는 벤과 미키 교수가 만나는 몬티홀 문제(조건부 확률) 부분을 수업에 활용하였다.

미키 교수가 벤에게 제시하는 몬티홀 문제를 영화 장면에 따라 함께 풀어보면서 상황에 따라 변하는 변수와 확률에 대해 생각해보는 시간을 갖는다. 중학교 1학년 수업에서 아이들이 조건부 확률을 이해하길 기대하는 것은 아니다. 영화 속에서 수학이 어떻게 쓰이고 있는지 알아보고, 함께 게임에 참가하면서 수학의 유용성을 맛보게 하는 데 의미가 있다.

우리는 생활 주변에서 일어나는 여러 가지 현상 속에서 수학을 만난다. 대화나 글 속에서 자연스럽게 수학을 사용하고 신문이나 방송에서도 여러 가지 수학적 표현을 사용하여 정보를 전달하는 것을 볼 수 있다. 일기 예보, 교통 통계, 경제 뉴스, 새로운 건축 양식, 우주 공간의 진화, 정보의 팽창, 각종 게임 속의 수와 공간 등, 이 모든 상황에서 수학은 중요한 역할을 한다. 사실 수학은 고대 이집트의 파피루스 문헌과 바빌로니아의 점토판 기록에서 보듯이 자연 현상과 사회 현상을 탐구하고 통제하기 위한 도구로서 인류 문명의 발전에 크게 기여하였다. 오늘날에도 천체의 변화, 기후의 변화와 같은 자연 현상을 정확하게 이해하는 데 중요한 역할을 하고, 최첨단의 공학과 우주 과학을 비롯한 모든 학문의 연구에 꼭 필요하다. 뿐만 아니라 미래 사회를 주도할 인공지능을 개발하거나 경제 현상, 사회 현상을 알아보는 데에도 수학은 아주 유용하다.

**이렇게 유용하고 중요한 수학을 왜 많은 사람들이 이해하지 못할까?**

그 이유는 수학을 공부하는 목적이 잘못됐기 때문이다. 대학입시를 위한 '문제풀이가 곧 수학'이라는 생각, 수학 문제는 항상 정해진 답이 있다는 생각, 문제를 풀기 시작하면서 처음부터 '답을 찾아간다'는 생각, '수학은 공식을 외워서 숫자를 대입하면 답이 나온다'는 잘못된 인식에서 찾을 수 있다. 문제를 빨리 풀고 요령 있게 답을 정리하기보다는 늦더라도 정확히 생각할 수 있는 힘, 무엇보다도 바른 사고력, 곧 수학적 통찰력이 필요함을 생각해 보고자 하였다.

영상 시청 후 "불신이나 두려움 따위의 감정을 배제한 벤이 간단한 수학 계산만으로 자동차를 획득했다."라는 미키 교수의 대사를 인용하여 우리 생활 속에서 수학을 유용하게 활용한 경험이나 활용할 수 있는 것들에 관해 이야기하는 시간을 가진다.

수학의 필요성에 대하여 교사가 설명을 하면, 아이들은 금방 싫증을 느낀다. 5분 이내의 짧은 영상을 통해 수학 공부의 필요성을 아이들 스스로 알 수 있도록 하는 것이 훨씬 효과적이다.

## ◑ 통계로 세상을 구한 나이팅게일

'백의의 천사'로 불리는 나이팅게일(1820~1910)은 전쟁터에서 부상을 당한 병사들을 보살피는 간호사였다. 1854년 연합국과 러시아 간에 크림전쟁이 일어났을 때, 나이팅게일은 많은 영국 군인들이 부상과 전염병으로 죽어가는 것을 보았다. 그런데 사망자 수를 조사하다 전투에서 죽은 병사의 수보다 비위생적이고 열악한 병원 시설 때문에 죽은 병사의 수가 훨씬 많다는 사실을 알게 되었다. 나이팅게일은 이를 통계 그래프로 나타내어 영국 정부를 설득해 병원의 시설과 비위생적인 환경을 개선할 수 있었다.

나이팅게일이 그린 통계 그래프를 '장미 그림'이라고 한다. 각 부채꼴 모양은 월별 사망자 수를 나타내고, 그 중에서 전염병과 부상으로 인한 사망자 수는 색깔로 구분하여 나타내었다. 통계적인 자료를 다이어그램으로 보여준, 역사적인 가치가 매우 뛰어난 자료로 인정받고 있다. 이와 같은 노력으로 크림전쟁의 사망률은 6개월 만에 42%에서 2%로 뚝 떨어졌으며, 사망률의 위험성과 원인을 설명하는 데 확실한 효과를 보았다. 크림전쟁이 끝나고 나이팅게일은 뛰어난 수학 실력으로 왕립 통계학회의 정식회원이 되었다고 한다.

나이팅게일 이전에도 위생의 중요성을 분명히 알고 있었을 것이다. 그러나 나이팅게일은 '왜 젊은이들이 죽어가야 하는가?'라고 질문을 던졌다. 그리고 그에 답할 수 있는 강력한 무기는 데이터를 분석해 문제를 해결하는 통찰력이었다. 나이팅게일은 사람들을 설득하기 위해 통계학을 이용했다. 특히 장미 그림을 사용하여 보고했다는 것은 문제를 정확히 파악하는 수학적 사고력과 이를 바탕으로 설득하는 능력이 뛰어났다는 증거다. 즉, 질문을 통한 통계로 세상을 구한 사람이 바로 우리가 알고 있는 백의의 천사 나이팅게일이다.

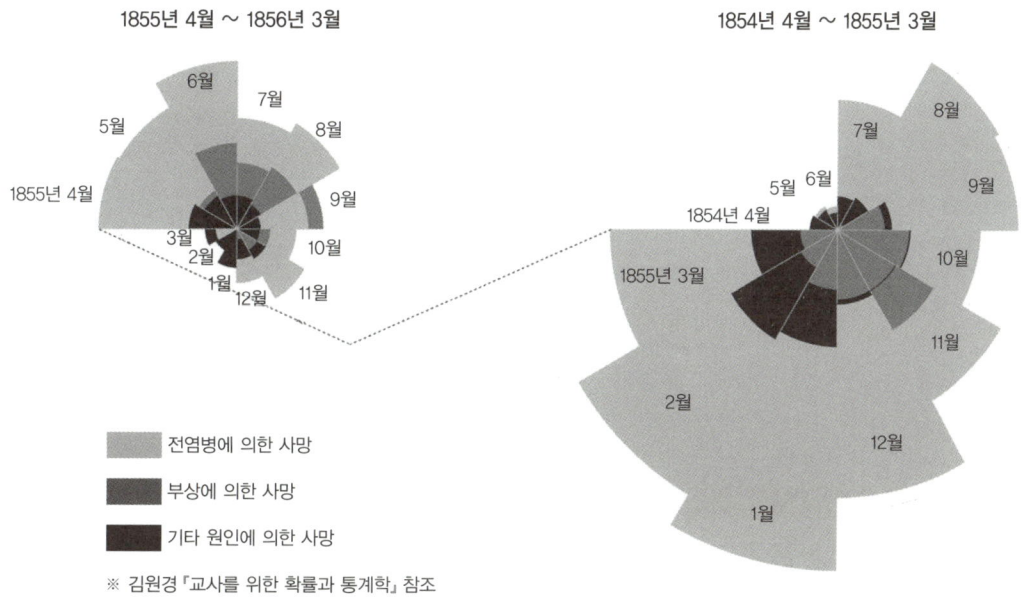

1855년 4월 ~ 1856년 3월

6월
7월
5월
8월
1855년 4월
9월
3월
2월
10월
1월
12월
11월

1854년 4월 ~ 1855년 3월

8월
7월
6월
9월
5월
1854년 4월
10월
1855년 3월
11월
2월
12월
1월

전염병에 의한 사망

부상에 의한 사망

기타 원인에 의한 사망

※ 김원경 『교사를 위한 확률과 통계학』 참조

### ❶ 호기심으로 놀라운 발견을 한 수학자들

수학을 잘하려면 어떻게 해야 할까? 무엇보다 관심을 가져야 한다. 관심을 가지다 보면 호기심이 생기고, 몰입을 하다가 어느 순간 "아하!" 하는 깨달음을 얻게 된다.

상상은 지식보다 중요하다고 말한 아인슈타인(1879~1955)은 "나는 천재가 아니다, 다만 호기심이 많을 뿐이다."라고 했다. 지식과 지혜를 얻게 하는 호기심이 수학의 출발이다. 잉글랜드의 수학자 뉴턴(1642~1727)은 사과가 땅으로 떨어지는 것을 보고 의문을 가졌다. "사과는 떨어지는데 더 무거울 것 같은 달은 왜 떨어지지 않지?" 이 호기심 때문에 뉴턴은 새로운 물리학의 법칙을 발견할 수 있었다. π의 값을 구하고, 구와 그 바깥쪽에 꼭 들어맞는 원기둥의 부피의 비를 발견한 수학자 아르키메데스는 물이 가득 찬 욕실의 탕 속에 몸을 담근 순간 흘러넘친 물을 보고 부력의 법칙을 발견하였다. 그는 수학의 노벨상이라고 불리는 필즈상 메달의 앞면을 장식하고 있다.

아르키메데스 이전에도 목욕탕에 들어간 사람은 있다. 뉴턴 이전에 사과가 땅으로 떨어지는 것을 본 사람도 얼마든지 있다. 하지만 이들이 '유레카'를 외칠 수 있었던 것은 끊임없이 생각하고 몰입했기 때문이다. **문제해결력은 단순한 느낌이나 우연으로 얻어지는 것이 아니다.** 문제를 풀겠다는 강한 의욕과 몰입이 있을 때만 생기는 것이다.

**몰랐던 것을 알아내는 '배움'의 기쁨은 크다.** 이런 기쁨은 특히 수학을 공부할 때 자주 맛볼 수 있다. 수학은 '몰랐던' 상태와 '알았다!'의 상태가 너무도 확실히 구분된다. 때문에 평범한 일상 속에서 수학적 아이디어를 발견하고 "아하!" 하는 작은 깨달음의 경험들을 통해 수학 공부의 즐거움을 찾아갈 수 있다.

### ◑ 5WHY를 줄인 3WHY 활동

도요타 자동차에서 경영혁신을 이룬 방법으로, 많은 분야에서 활용되고 있는 5WHY 전략은 수렴적 질문을 던지는 방식이다. 하나의 문제에 대해 답이 나오면 나온 답에 대해 다시 "왜?"라고 묻고, 답이 나오면 또 다시 "왜?"라고 묻는다. 도요타의 전 부사장인 오노 다이이치는 연속적으로 5번만 "왜?"라고 물으면 문제의 본질에 접근할 수 있다고 하며 5WHY 전략을 강조했다고 한다.

5WHY 기법을 3WHY로 줄여서 아이들이 수학을 왜 배우는지, 수학을 배우는 이유를 스스로 찾아보고, 친구들과 생각을 나누는 활동을 통해 수학 공부의 필요성을 확인해보기로 한다.

| | 3WHY | 모둠 |
|---|---|---|
|  | | |

| | | |
|---|---|---|
| 주제 | 수학 공부의 필요성에 대해 이야기해봅시다. | |
| 〈WHY〉 | 질문 | 이유 |
| 1. WHY | 왜 수학 공부를 해야 하는가? | |
| 2. WHY | | |
| 3. WHY | | |
| 결론 | | |

**수학에 대한 나의 생각은?**

수학은 _____ 이다.

왜냐하면 _____ 때문이다.

# 활동결과 나누기

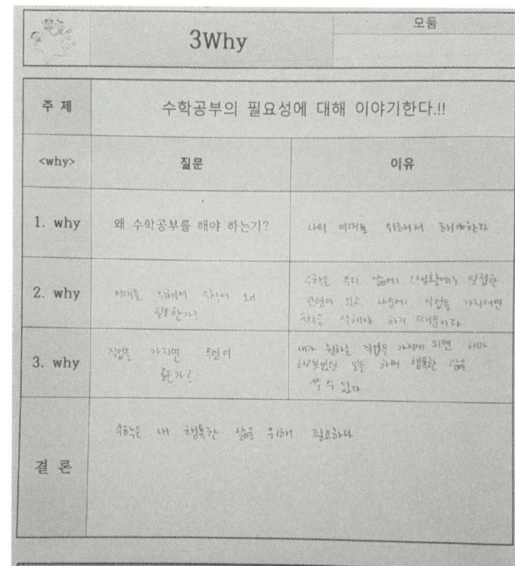

**[왼쪽 위 활동지]**

| 3Why | 모둠 이름 나누리 |
|---|---|

| 주 제 | 수학공부의 필요성에 대해 이야기한다.!! | |
|---|---|---|
| **<why>** | **질문** | **이유** |
| 1. why | 왜 수학공부를 해야 하는가? | 고등교, 대학교 고르는 선택의 폭을 넓혀려고 |
| 2. why | 왜 선택의 폭을 넓히려고 하는가? | 미래에 내가 원하는 직업을 가지고 싶어서 |
| 3. why | 왜 원하는 직업을 가지고 싶은가? | 내가 원하는 직업을 가지면 미래에 행복하게 즐기며 살 수 있어서 |
| 결 론 | 수학공부를 해야하는 이유는? 내가 원하는 직업을 가져 미래에 내 직업을 즐기며 행복하게 살기위해서. | |

수학은 __인생__ 이다.
왜냐하면 수학을 공부하므로써 따라 미래에 내 직업도 달라질 수 있기 때문이다.

**[오른쪽 위 활동지]**

| 3Why | 모둠 |
|---|---|

| 주 제 | 수학공부의 필요성에 대해 이야기한다.!! | |
|---|---|---|
| **<why>** | **질문** | **이유** |
| 1. why | 왜 수학공부를 해야 하는가? | 나의 미래를 위해서 해야한다 |
| 2. why | 미래를 위해서 잘하고 싶은 이유는? | 수학은 모든 것에 (공부하는) 필요한 것이고 나중에 직업을 가지려면 수학을 잘해야 하기 때문이다 |
| 3. why | 직업을 가지면 뭐가 좋은가? | 내가 하고싶은 직업을 가지면 나의 행복하면서 잘 살 수 있다 |
| 결 론 | 수학은 내 행복과 삶을 위해 필요하다. | |

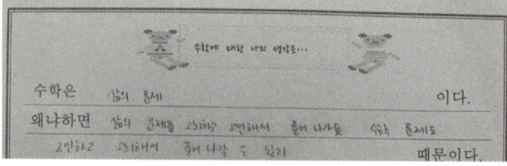

수학은 __삶의 문제__ 이다.
왜냐하면 삶의 문제를 고쳐야 고쳐서 풀어나갈 수도 문제도 고쳐가고 고쳐서 풀어 나갈 수 있기 때문이다.

**[왼쪽 아래 활동지]**

주제는 수학의 필요성을 이야기한다.

| 3Why | 모둠 수학 사랑 |
|---|---|

| 주 제 | 수학공부의 필요성에 대해 이야기한다.!! | |
|---|---|---|
| **<why>** | **질문** | **이유** |
| 1. why | 왜 수학공부를 해야 하는가? | 사회생활에 도움이 되기 위해서 나누어 도움이 들려고 |
| 2. why | 수학이 없으면 어떻게 될까? | 생활이 거의 다 위험할 것이다. |
| 3. why | 수학을 잘하려면 무엇이 필요하고 어떻게 해야 할까? (안 되게?) | 즐기며 하면 수학을 좋아하고 즐기며 노력해야 한다. |
| 결 론 | 수학은 나들의 미래와 사회생활에 큰 도움되는 중요한 것이며 만약 수학이 없어지면 위험활동 다 무너질 것이다. 이러한 수학을 잘하려면 즐기려는 자세로 수학을 즐기면서 노력해야 한다 | |

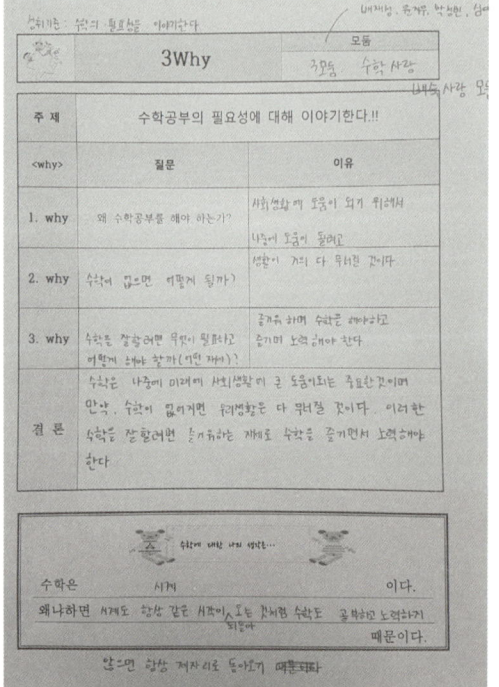

수학은 __시계__ 이다.
왜냐하면 세계도 항상 같은 서픽이스는 것처럼 수학도 공부하고 노력하기 때문이야.

알으면 항상 편리리로 동하기 때문이다.

**[오른쪽 아래 활동지]**

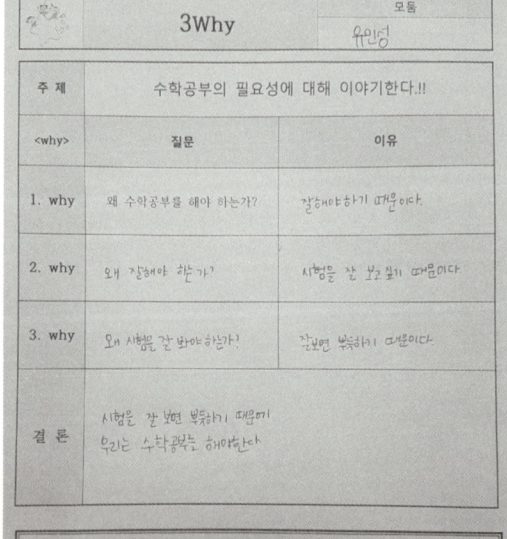

| 3Why | 모둠 유인성 |
|---|---|

| 주 제 | 수학공부의 필요성에 대해 이야기한다.!! | |
|---|---|---|
| **<why>** | **질문** | **이유** |
| 1. why | 왜 수학공부를 해야 하는가? | 잘해야하기 때문이다. |
| 2. why | 왜 잘해야 하는가? | 시험을 잘 보고 싶기 때문이다 |
| 3. why | 왜 시험을 잘 봐야하는가? | 잘보면 불안하기 때문이다. |
| 결 론 | 시험을 잘 보면 불안하기 때문에 우리는 수학공부를 해야한다 | |

수학은 __중요하고 많은 것__ 이다.
왜냐하면 잘못하면 항상 걱정이 없기 때문이다.

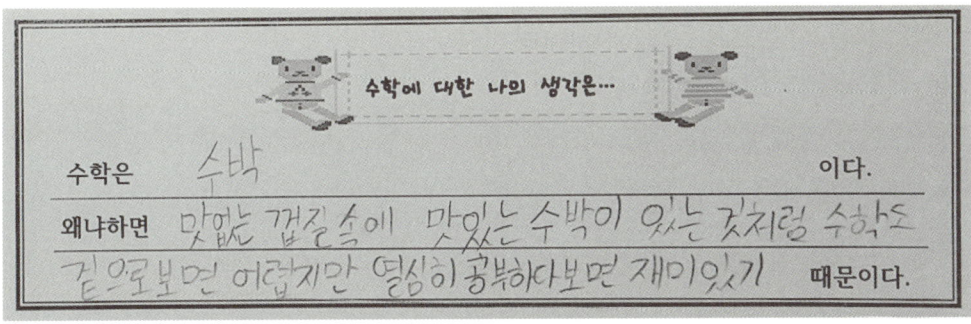

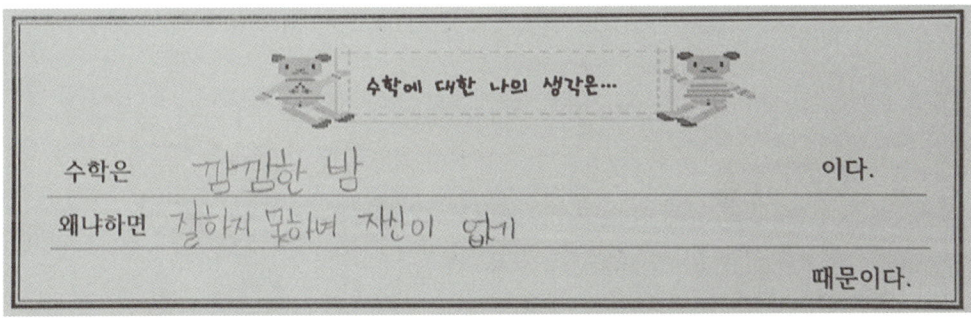

수학을 배우면서도 그 이유를 깨닫지 못하는 것은 안타까운 일이다. 대학입시만을 위한 수학이 아니라 아이들 스스로 수학 공부를 하는 이유를 나름대로 이해하는 것은 중요한 학습 동기가 된다.

**수학 교육의 목적은 수학자를 길러내는 것이 아니라 논리적인 사고력을 길러주는 것이다.** 다음 세대에게 줄 수 있는 가장 큰 선물은 지식의 양이 아니라 '생각의 힘'을 길러주는 교육이다. 운동선수는 '힘(근력)'을 키우기 위해 여러 가지 운동을 한다. 이처럼 우리는 수학을 실생활에 활용하기 위해서, 또한 수학적 사고력(논리적으로 생각하는 힘)을 기르기 위해서 수학을 배운다. 즉, 시대의 흐름을 읽고 중요한 질문을 하며 필요할 때 답을 찾을 수 있는 능력을 키우는 데 있다.

알파고와 이세돌의 바둑대결은 전 국민의 관심을 4차 산업혁명과 인공지능으로 이끌었다. 알파고의 핵심 기술에는 딥러닝(다량의 데이터를 분류하고 관계를 파악해 사람처럼 생각하고 배우게 하는 기술)이라는 수학 알고리즘이 적용되었다. 슈퍼컴퓨터의 인공지능을 통해 연산 작업을 직접 수행하는 울프람 알파(Wolfram Alpha)는 간단한 수학 계산은 물론 미분, 적분, 복소수, 행렬 등의 공학용 계산기를 넘어 수학의 거의 모든 계산을 해결해주고 친절하게 그래프까지 그려준다. 3,500원 정도의 가격으로 날씨, 물리학, 천문학, 환율, 단위 변환 등도 바로 답을 낸다니 놀랍지 않은가? 2016년 미국의 구인·구직·정보업체인 커리어캐스트(Careercast)가 발표한 최고의 직업 톱 10을 살펴보면 수학자, 통계학자 등 숫자와 데이터를 다루는 직업이 5개나 된다. 데이터를 다룰 줄 아는 능력이 미래 직업에서는 아주 중요함을 보여준다. 미래에는 데이터를 모으고 분석할 줄 아는 통찰력, 데이터에서 질서와 패턴을 찾아 세상의 변화를 이해하고 예측할 수 있는 능력이 필요하다.

**수학을 배움으로써 우리 주변의 여러 가지 현상들의 규칙을 찾아내어 수학적으로 표현할 수 있으며, 여러 가지 문제를 합리적이고 창의적으로 해결할 수 있다.**

선풍적인 인기를 끈 애니메이션 〈겨울왕국〉에서 주인공 엘사가 얼음성을 만드는 장면에는 계속되는 육각형 눈의 결정 속에 아름다운 프랙탈의 모습이 들어있다. 눈보라를 헤치고 나아가는 장면에서는 등위집합(움직이는 물체의 형태 변화를 수학적으로 기술하는 방법으로 생생한 그래픽을 전달할 수 있음)이라는 수학적 기술이 적용되어 눈보라가 실감나게 휘몰아치는 효과가 나타난다. 뿐만 아니라 복잡한 교통 문제의 해결, 무인 자동차, 무인 의료진단 같은 미래 산업에도 고도의 수학적 전문성이 쓰인다고 하니 수학은 세상을 바꾸는 힘을 가진 학문이다. 수학이 없는 세상은 상상할 수도 없을 것 같다.

이처럼 수학은 실제적인 문제해결을 위하여 고안된 학문이다. 학교에서 다루는 수학 내용 중 맥락과 무관하게 생겨난 것은 없다. **우리는 수학 학습을 통하여 수학의 개념, 원리, 법칙을 이해하고 기능을 습득하여, 논리적으로 사고하고 소통하며 합리적으로 문제를 해결하는 능력과 태도를 기를 수 있다. 하지만 무엇보다 수학을 공부함으로써 얻을 수 있는 즐거움만으로도 충분한 가치가 있다.**
또한 수학의 본질은 추상적인 사고과정에 있다고 볼 수 있다. 그래서 수학은 수 전반이나 자연과 사회현상 속에 있는 패턴을 탐구하는 학문이라고 할 수 있다. 현재 상황이 앞으로 어떻게 변할지 예측할 수 있다면 우리는 미래의 변화에 대처할 수 있다. 미래는 많은 양의 데이터를 기억하기 위해 머릿속에 데이터를 쑤셔넣는 시대가 아니라 원리와 개념이라는 본질을 이해하고 다양한 분야에 응용하고 적용할 수 있는 '사고의 힘'이 요구되는 시대다. 이러한 시대에 '생각하는 힘'을 기르는 것, 이것이 우리가 수학을 배우는 이유이다.

수학자 게오르크 칸토어는 "수학에서 올바른 질문을 하는 기술은 문제를 푸는 기술보다 더 중요하다."라고 말했다. 이 말은 수학이 '공식의 암기'가 아니라 세상의 질서를 찾고 그 흐름을 통찰하는 능력임을 의미한다.

### 자기성찰을 해볼까요?

| 번호 | 평가기준 | ★ | ★ | ★ | ★ | ★ |
|---|---|---|---|---|---|---|
| 1 | 수학 공부의 필요성에 대해 자신의 생각을 설득력 있게 이야기할 수 있는가? | | | | | |
| 2 | 나의 생활과 수학을 연결시켜 수학 공부의 의미를 설명할 수 있는가? | | | | | |
| 3 | 친구들의 발표를 들을 때 시선 접촉, 끄덕거림 같은 적절한 동작으로 공감을 표시하며 경청했는가? | | | | | |
| 4 | 친구들과 의견을 나누는 과정에서 토론을 독점하지 않고 질문을 제기하여 친구들의 참여를 독려했는가? | | | | | |

# Ⅱ

## 재미있는 '수'로 놀기

# 02. 🐚와 ● 와 ━ 로 나타내는 마야문명의 신기한 숫자

수학자 러셀(1872~1970)은 "인류가 닭 2마리의 '2'와 숫자 2의 '2'를 같은 것으로 이해하기까지는 수천 년의 시간이 걸렸다."고 말했다. 그럼에도 불구하고 어린 아이들이 손가락을 사용하여 수를 헤아리는 모습은 너무나 자연스럽다. 옛날 사람들은 하나와 둘 이상의 수는 '많다'라고 하다가 기르는 가축 수가 늘면서 나무에 눈금을 새기기도 하고, 조약돌을 사용하여 물건을 세는 방법을 사용하였다. 그래서 '셈'이라는 뜻을 지닌 영어 단어 'tally'는 '(나무에 눈금을) 새기다'의 뜻인 'talea'에서, '셈하다'라는 뜻의 영어 단어 'calculus'는 '작은 돌'이란 뜻에서 나온 것이다. 또 수 개념이 확장되고 연산을 하게 되면서 사람들은 손을 사용하여 셈을 하기 시작했다. 지금은 10을 묶음으로 하는 십진법이 사용되고 있지만 마야문명에서는 이십진법이 사용되었다. 다음 그림은 마야 숫자의 체계이다. 0은 눈처럼 생긴 모양의 조개무늬 🐚로 나타냈으며, 그 밖의 숫자는 점과 선으로 표현하였다. 1을 나타내는 동그라미 ●와 5를 나타내는 막대 ━ 를 조합하여 세로로 표기했다.

**마야 숫자**

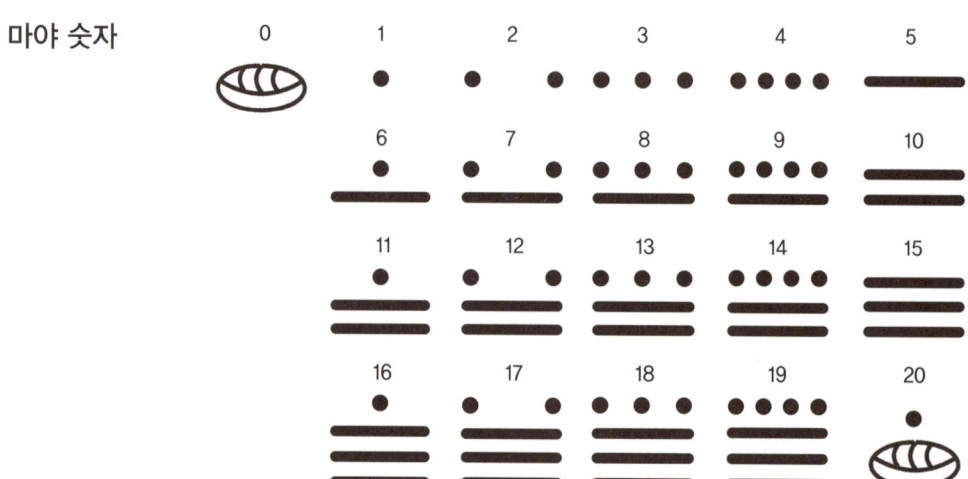

예를 들어 128을 마야숫자로 나타내면, 128에는 20의 단위가 6개 있고, 8이 남는다. 즉 128=20×6+8이 되므로 다음과 같다.

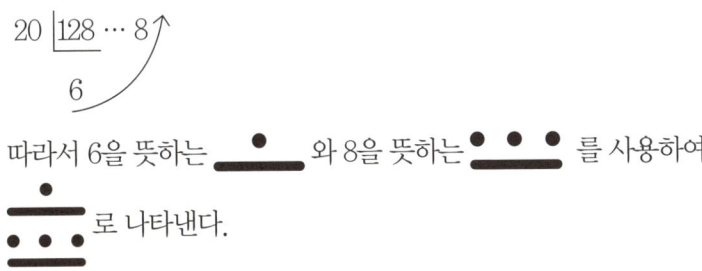

따라서 6을 뜻하는 ⚊ 와 8을 뜻하는 ⚫⚫⚫ 를 사용하여 로 나타낸다.

이제까지의 해설을 힌트로 하여 십진법의 숫자를 마야 숫자로 나타내봅시다.

| 우리 숫자 | 54 | 365 | 1992 |
|---|---|---|---|
| 마야 숫자 | | | |

배움일기

마야문명의 신기한 숫자를 직접 써본 소감을 적어봅시다.

# 03-1. 계산의 달인은 누구?

1. 3을 여러 번 곱한 수를 $3 \times 3 = 3^2$, $3 \times 3 \times 3 = 3^3$, $3 \times 3 \times 3 \times 3 = 3^4$ 등으로 나타내기로 약속합시다. 다음은 3을 5번 써서 계산 결과가 0이 되도록 나타낸 것입니다.

$$( 3^3 - 3^3 ) \times 3 = 0$$

이와 같이 3을 5번 써서 1에서 10까지의 자연수가 되도록 나타내봅시다.

| 식 | 계산 결과 |
|---|---|
| | 1 |
| | 2 |
| | 3 |
| | 4 |
| | 5 |
| | 6 |
| | 7 |
| | 8 |
| | 9 |
| | 10 |

2. □ 안의 수들은 □에 이웃하는 두 ○ 안에 있는 수들의 곱입니다. 가, 나, 다, 사, 아에
알맞은 수를 구해봅시다.

1)

가: _____    나: _____    다: _____

2)

사: _____    아: _____

# 03-2. 숫자 퍼즐 – 식 완성하기

1. 1에서 9까지의 숫자를 넣어 식을 완성하려고 합니다. 네모 안에 들어가야 할 숫자는 무엇일까요?

$$
\begin{array}{r} \square\,8 \\ +\ 6\,\square \\ \hline 1\,3\,5 \end{array}
\quad \blacktriangleright \quad
\begin{array}{r} 6\,8 \\ +\ 6\,7 \\ \hline 1\,3\,5 \end{array}
$$

$$
\begin{array}{r} 8\,7\,\square \\ \square\,2\,7 \\ +\ 1\,\square\,3 \\ \hline \square\,7\,5\,2 \end{array}
\qquad
\begin{array}{r} \square\square \\ \times\ \square\square \\ \hline \square\,2 \\ \square\square \\ \hline \square\square\square\square \end{array}
$$

2. 1에서 9까지 숫자가 순서대로 나열되어있습니다. 이 숫자 사이에 +, −를 넣어 100을 만들어봅시다. 다음의 예시를 참고로 하여 제한된 시간 안에 다양하게 만들어봅시다.

$$1 + 2 + 3 - 4 + 5 + 6 + 78 + 9 = 100$$

$$123 - 45 - 67 + 89 = 100$$

'수학자'로 멋진 삼행시를 지어봅시다!

| 수 | |
| --- | --- |
| 학 | |
| 자 | |

# 04-1. 계산 퍼즐 – 유산상속

목장을 경영하던 아버지는 4명의 아들에게 자신이 키우던 양을 나눠주고자 합니다. 아버지는 양을 죽이지도 말고, 팔지도 말고, 큰아들이 전체의 $\frac{1}{3}$, 둘째 아들은 $\frac{1}{4}$, 셋째 아들은 $\frac{1}{5}$, 넷째 아들은 $\frac{1}{6}$을 사이좋게 나누어 가지라고 했습니다. 큰아들이 양의 수를 세어보니 모두 57마리였습니다. 큰아들은 전체의 $\frac{1}{3}$이므로 차지할 양은 19마리였습니다. 그러나 둘째와 셋째, 넷째는 양을 나눌 수가 없어 고민을 하고 있습니다.

여러분이 이 형제들에게 좋은 해결 방법을 알려줍시다.

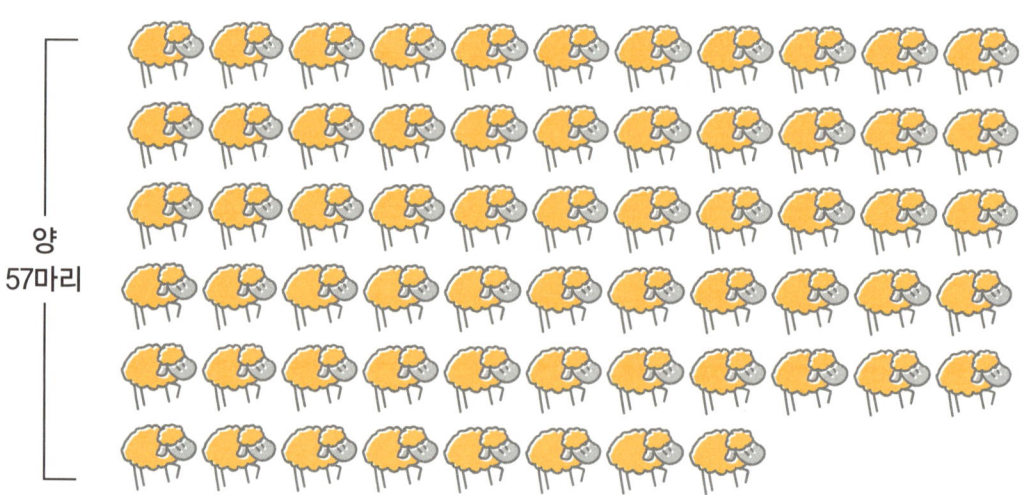

양
57마리

상속 비율

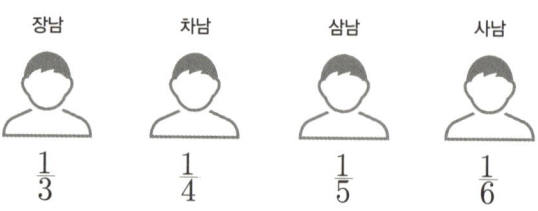

| 장남 | 차남 | 삼남 | 사남 |
|:---:|:---:|:---:|:---:|
| $\frac{1}{3}$ | $\frac{1}{4}$ | $\frac{1}{5}$ | $\frac{1}{6}$ |

이 문제는 양의 수를 17마리로 바꾸고, 형제의 수를 3명으로 하여, 큰아들은 전체의 $\frac{1}{2}$, 둘째 아들은 $\frac{1}{3}$, 셋째 아들은 $\frac{1}{9}$을 사이좋게 나누어 가지는 방법으로 바꾸어 제시하여 풀게 한 후, 여기서 얻게 되는 교훈을 이야기해보게 하는 활동으로 진행할 수도 있다.

목장을 경영하던 아버지는 3명의 아들에게 자신이 키우던 양을 나눠주고자 한다. 아버지는 양을 죽이지도 말고, 팔지도 말고, 큰아들이 전체의 $\frac{1}{2}$, 둘째 아들은 $\frac{1}{3}$, 셋째 아들은 $\frac{1}{9}$로 사이좋게 나누어 가지라고 했다. 큰아들이 양의 수를 세어보니 모두 17마리였다. 이 형제는 양을 나눌 수가 없어 고민을 하고 있다.

여러분이 이 형제들에게 좋은 해결 방법을 알려줍시다.

양
17마리

상속 비율

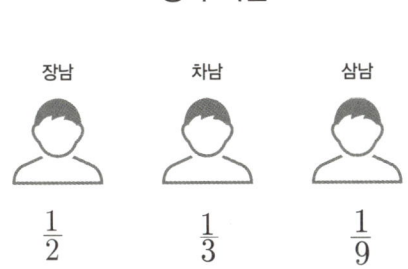

장남 $\frac{1}{2}$    차남 $\frac{1}{3}$    삼남 $\frac{1}{9}$

# 04-2. 계산 퍼즐 – 어느 안을 택할까?

철수는 1월 1일 회사에 입사했다. 이 회사의 급여는 연봉제로, A안과 B안 두 종류의 급여 시스템이 있다. A안과 B안을 자유로이 선택할 수 있지만, 최초에 선택한 방식을 도중에 바꿀 수는 없다. A안은 급여가 연말에 한 번 지급되며, 1년에 3만 원이 인상된다. B안은 급여가 6월과 연말에 절반씩 지급되며, 반년에 1만 원이 인상된다. 물론 최초의 연봉 액수는 같다.

철수가 어느 안을 선택해야 유리할지 알아봅시다.

배움일기

계산 퍼즐을 풀어본 소감을 적어봅시다.

# 05. 타임머신을 타고 가서 풀어보자

고대 일차방정식 문제를 우리도 풀어봅시다.

1. 『아메스 파피루스』 – 기원전 1650년경 고대 이집트에서 만든 수학에 관한 문헌

> ### 24번 문제
> '아하'와 '아하'의 7분의 1의 합이 19가 되는 '아하'를 구하여라.

❶ '아하'는 무슨 의미로 사용되었을까요?

❷ '아하'를 $x$로 놓고 위의 문제를 풀어봅시다.

2. 『구일집』 – 조선시대의 수학자 홍정하(1684~?)가 펴낸 수학책

> ### 2장 1절 네 번째 문제
> 빠른 말은 하루에 120리를 가고 느린 말은 하루에 75리를 간다.
> 느린 말이 9일 먼저 출발하여 간 후에 빠른 말이 뒤쫓아 가면
> 며칠 만에 따라 잡겠는가?

3.『구장산술』,『손자산경』 – 기원전 2, 3세기 고대 중국의 수학책

『주해수용』 – 조선시대 수학자 홍대용(1731~1783)이 펴낸 수학책

> 돼지와 거위가 한 우리에 있다.
> 머리를 세어보면 모두 15개, 다리를 세어보면 모두 40개이다.
> 도대체 돼지는 몇 마리일까?

4. '디오판토스의 묘비' 문제 – 고대 그리스의 수학자 디오판토스(200~?)

> 지나가는 나그네여, 이 비석 밑에는 디오판토스가 잠들어 있노라.
> 그는 일생의 $\frac{1}{6}$은 소년이었고, $\frac{1}{12}$은 청년이었으며,
> 다시 일생의 $\frac{1}{7}$ 동안 혼자 살다가 결혼하여 5년 후 아들을 낳았다.
> 그의 아들은 아버지 생애의 $\frac{1}{2}$만큼 살다 죽었으며,
> 아들이 죽은 지 4년 후 그는 일생을 마쳤노라.

짝꿍과 의논하여 일차방정식 관련 문제를 만들어봅시다.

과거의 일차방정식을 풀어본 후 소감을 적어봅시다.

## 자기성찰을 해볼까요?

| 번호 | 교과역량 | 평가기준 | 평가유형 |
|------|----------|----------|----------|
| 1 | 문제해결 | 일차방정식을 이용하여 창의적인 방법으로 자신의 삶을 방정식으로 만들 수 있다. | 활동지 |
| 2 | | 문제해결에 필요한 지식과 정보가 무엇인지 명확히 알고 있으며, 논리적으로 정확하게 해결한다. | |
| 3 | | 문제해결 과정을 친구들이 이해하기 쉽게 설명할 수 있다. | 관찰 |
| 4 | 추론 | 다른 친구들의 삶의 방정식을 보고 주제에 대하여 정확히 파악하고, 문제를 해결할 수 있다. | 관찰, 토론 |
| 5 | 의사소통 | 친구들의 말을 주의 깊게 듣고, 탐색질문을 제기하여 상황에 적절한 언어를 사용하여 자신의 의견을 말한다. | 토론 |
| | | 활발한 아이디어 교환을 위해 예시를 들어 설명한다. | 관찰 |
| 6 | 협력활동 | 모둠에서 자신이 해결할 과제가 무엇인지 명확히 알고 있으며 질문을 제기하여 친구들이 참여하도록 권유한다. | 자기평가 |

**[학생 문제 만들기에서 나온 예를 이용한 서술형 문제]**

다음은 방학 동안 국토순례에 참여한 덕이가 쓴 일기의 일부분입니다. 이 일기에서 덕이가 국토순례를 한 총 거리를 구하고, 그 과정을 서술해봅시다.

> **"꿈은 꾸는 것이 아니라 도전하는 것이다."**
>
> 방학을 헛되이 보내지 않기 위해
> 나는 4일 동안 걸어서 마칠 수 있는 국토 순례에 참가하였다.
> 첫째 날은 전체 거리의 $\frac{1}{3}$을 걸었고,
> 둘째 날은 다리가 아파서 첫째 날 걷고 남은 거리의 $\frac{2}{5}$밖에 걷지 못했다.
> 셋째 날은 둘째 날까지 걷고 남은 거리의 $\frac{1}{2}$을 걸었고,
> 마지막 날 남은 35㎞를 걸어서 국토순례를 모두 마쳤다.

## 수업이야기

디오판토스 묘비를 이용하지 않더라도 방정식 활용에 관한 '문제 만들기' 활동은 교과수업 속에서도 꼭 필요한 활동이라고 생각한다.

아이들은 활용 단원만 나오면 지레 어려워하고, 거부감을 보인다. 문장제 문제에 대한 두려움이 되살아나는 것인데, 아이들이 수학 공부를 하는 모습을 살펴보면, 문제를 읽지 않고 바로 푸는 경향이 많다. 활용 문제조차도 유형화되어있는 틀에 끼워 맞추려고 하다 보니 문제를 꼼꼼히 읽고 해결하려는 사고의 과정이 빠져있는 것이다.

스스로 문제를 만들어보는 활동을 통해 문제를 명확히 인지하고, 하나하나 따져 나가면서 문항에서 오는 오류 등도 함께 찾아보게 한다.

이러한 활동으로 주어진 문제의 답을 구하는 데 급급하던 모습에서 수학적 성질을 이용하여 문제를 만들어보고, 문항을 구성하는 과정에서 수학적 상상력이 자란다.

## 퍼즐로 즐기는 수학

# 06-1. 도형 퍼즐로 즐기는 수학

1. 한 변의 길이가 1㎝인 정사각형 72개를 서로 겹치지 않도록 연결하여 둘레의 길이가 **가장 짧은** 평면 도형을 만들려고 합니다. 이때, 만들어진 도형의 둘레의 길이를 구해봅시다.

[답] —————————————————— ㎝

2. 한 변의 길이가 1㎝인 정사각형 120개가 있습니다. 아래 11×11 크기의 모눈종이에 이 정사각형들의 일부 또는 전부를 사용하여 서로 겹치지 않도록 연결하여 만든 도형의 넓이를 $\frac{2}{4}$㎠, 그 둘레의 길이를 $\frac{2}{4}$㎝라고 할 때, $\frac{2}{4}$의 값을 **가장 크게** 만들려고 합니다. 이 조건을 만족하는 도형을 모눈종이에 그리고, $\frac{2}{4}$**의 값**을 구해봅시다.

(단, 모눈종이 한 칸의 크기는 1㎝이고 정사각형 하나는 모눈종이 한 칸에 딱 맞게만 붙일 수 있습니다.)

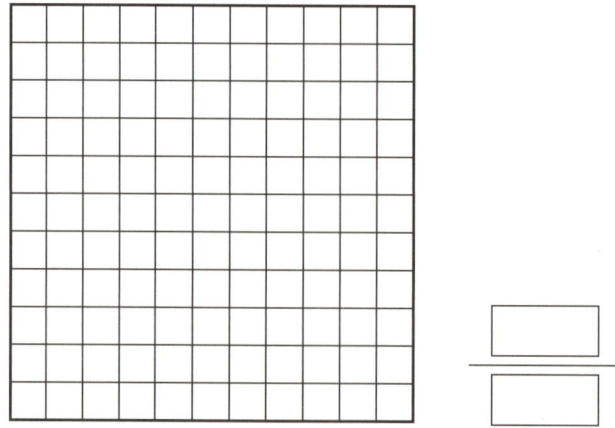

# 06-2. 도형의 개수는 모두 몇 개일까?

1. 그림은 변 AB의 점 A와 점 B를 출발점으로 하는 반직선을 각각 3개씩 그은 것입니다. 이 그림 안에는 몇 개의 삼각형이 있을까요?

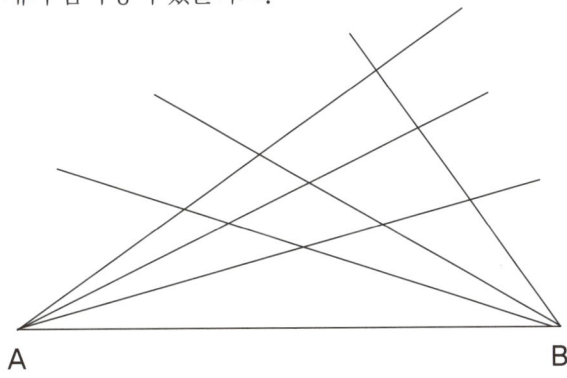

A                                                  B

2. 각 모양이 정사각형으로 되어있는 아래 그림 안에는 몇 개의 정사각형이 있을까요?

**배움일기**

도형을 개수를 세어보고 소감을 적어봅시다.

# 07-1. 논리 퍼즐 – 외톨이를 찾아라

아래 그림에 각각 배열된 5개의 도형을 살펴봅시다. 외톨이는 어느 것일까요?

① 왼쪽에서 네 번째 도형만 점선으로 에워싸인 도형이므로 외톨이다.

② 가운데 도형만 별모양이므로 이것이 외톨이다.

③ 가운데 도형에만 X 표시가 있으므로 이것이 외톨이다.

④에 배열된 5개의 도형 중에서는 어느 것이 외톨이일까 친구들과 이야기해봅시다.

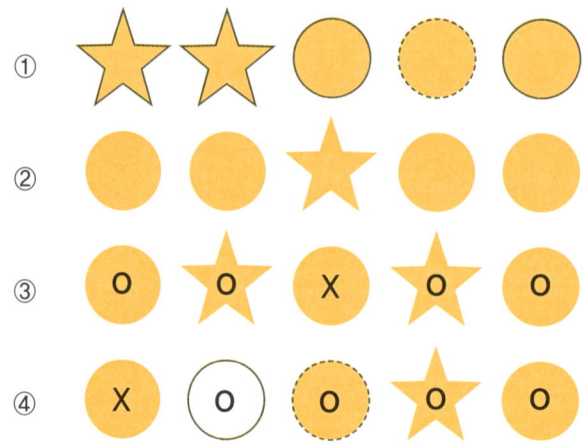

자기성찰을 해볼까요?

| 번호 | 평가기준 | ★ | ★ | ★ | ★ | ★ |
|---|---|---|---|---|---|---|
| 1 | 외톨이 도형을 찾을 수 있는가? | | | | | |
| 2 | 찾은 도형이 외톨이 도형인 이유를 명확하게 말할 수 있는가? | | | | | |
| 3 | 생각의 차이가 다름과 틀림을 이해하고 있는가? | | | | | |

# 07-2. 논리 퍼즐
## – 진실을 말한 사람은 누구?

○○중학교에 다니는 세 쌍둥이는 학교도 같이 다니고, 같이 어울려서 공부하고, 잠을 잘 때도 같이 자는 사이좋은 형제들이다. 그런데 먹을 것 앞에서는 서로 양보하지 않고 다투기도 한다. 어느 날 엄마는 세 쌍둥이에게 맛있는 과자를 남겨두고는 엄마가 돌아올 때까지 먹지 말고 기다리면 선물을 주겠노라고 말씀하셨다. 그런데, 엄마가 돌아와서 보니 누군가 과자를 모두 먹어버렸다. 세 쌍둥이는 자신들 중 누가 범인인지 알고 있지만 말하지 않았다. 그래서 엄마는 3명 모두를 불러 과자를 누가 먹었는지 물어보았다. 그랬더니 A는 "나는 하지 않았다."라고 주장했다. 또 B는 "C는 하지 않았다."라고 대답했다. 그리고 C는 "내가 했다."라고 대답했다.

3명 가운데 2명은 거짓말을 하고 있다면, 과연 과자를 먹은 사람은 누구일까?

그리고, 진실을 말한 사람은 누구일까?

"나는 하지 않았다."     "C는 하지 않았다."     "내가 했다."

A        B        C

### 수학으로 2행시를 써봅시다.

수 .............................................................

학 .............................................................

# 07-3. 논리 퍼즐 <br> – 집으로 보내주세요

하나, 두나, 세나는 함께 놀이공원으로 놀러왔다. 놀이공원 안에는 미로 찾기를 흉내 낸 집 찾기 마당이 만들어져 있었다. 지금 친구들은 집 찾기 마당의 입구에 있다. 입구에서 자신의 이름이 쓰여진 집까지 어떤 길로 가야 할까? (단, 길은 교차하거나 겹쳐서는 안 되며 담장 밖으로 나가서도 안 된다.)

1. 하나, 두나, 세나는 각각 자기 이름이 적힌 집에 들어가고 싶습니다. 하나의 길, 두나의 길, 세나의 길이 한 번도 교차하지 않고 각자의 집까지 이르려면 어떻게 길을 만들어야 할까요?

2. 이번에는 하나, 두나, 세나, 네나가 각자의 이름이 적힌 집에 들어가고 싶어합니다. 각자의 길이 한 번도 교차하지 않고 집까지 이르려면 어떻게 길을 만들어야 할까요?

# 08. 즐기자 테트라스퀘어

테트라스퀘어(Tetra Square)는 사각 자르기 또는 사각형 나누기로 불리는 퍼즐로, 도형감각, 공간감각을 키울 수 있는 퍼즐이다. 예를 들어, 숫자가 6이라면 1×6, 6×1, 2×3, 3×2인 4가지 형태의 직사각형으로 분할할 수 있고, 숫자가 7이라면 1×7, 7×1 형태의 기다란 직사각형으로 분할된다. 즉 주어진 자연수가 소수인지 합성수인지를 알고, 주어진 수의 약수들의 분할하는 것으로 수에 대한 감각을 키울 수 있다.

⊙ **기본 규칙**

격자에 표시된 숫자만큼 직사각형, 정사각형의 칸을 나누는 퍼즐로 숫자는 격자의 정사각형, 직사각형의 넓이를 표시합니다.(단, 한 칸의 넓이는 1입니다.)

완성한 모습

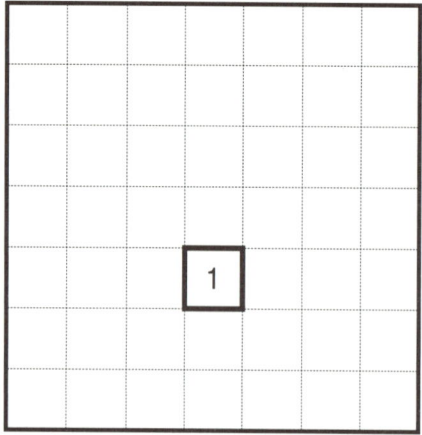

테트라스퀘어 게임전략을 나눠볼까요?

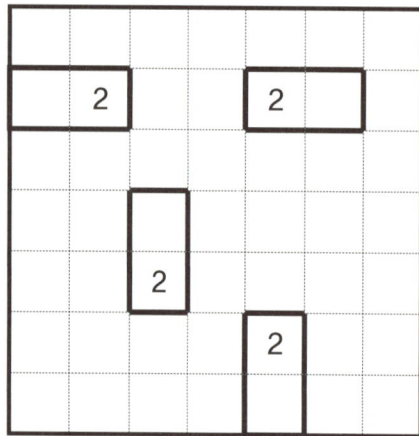

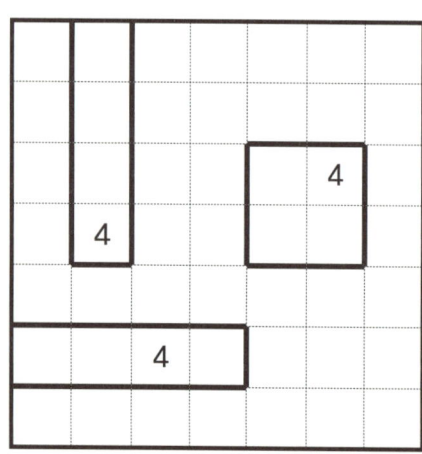

**1단계**

| 6 |  |  | 2 |  | 6 | 3 |
|---|---|---|---|---|---|---|
|  |  |  |  |  |  |  |
|  |  |  | 4 |  |  |  |
|  |  |  |  | 8 |  | 4 |
| 2 |  |  |  |  |  |  |
| 2 |  |  | 2 | 2 |  | 4 |
|  |  |  | 2 | 2 |  |  |

| | | | 7 | | | |
|---|---|---|---|---|---|---|
|  |  |  |  |  | 2 |  |
| 4 |  |  |  | 4 |  |  |
| 2 |  | 3 |  |  | 6 |  |
|  | 4 |  | 2 | 2 | 4 |  |
| 2 |  |  |  |  |  |  |
| 2 |  | 5 |  |  |  |  |

**2단계**

|  |  |  |  |  | 3 | 2 |
|---|---|---|---|---|---|---|
| 6 |  |  |  |  |  |  |
| 6 |  | 4 | 12 |  |  | 4 |
|  | 4 | 5 |  |  |  |  |
| 2 |  | 4 |  |  | 4 |  |
|  |  |  |  | 7 |  |  |
| 2 |  |  | 6 |  |  |  |
|  | 2 | 4 |  |  | 2 | 2 |

| 3 |  |  | 2 |  |  | 2 |
|---|---|---|---|---|---|---|
|  |  | 8 |  |  |  |  |
|  |  |  |  |  | 3 | 2 |
|  | 2 |  |  |  | 2 |  |
|  |  | 6 |  | 6 | 3 |  |
| 5 | 4 |  |  |  |  | 6 |
|  |  |  | 9 |  | 6 |  |
|  |  |  |  |  | 2 | 4 |
| 6 |  |  |  |  |  |  |

**3단계**

|  |  |  |  |  | 2 | 2 |
|---|---|---|---|---|---|---|
|  |  | 4 |  | 15 |  |  |
| 9 |  |  |  |  |  |  |
| 6 |  |  |  |  | 3 |  |
|  |  |  | 6 |  |  |  |
|  | 5 |  |  |  | 3 | 18 |
| 3 |  | 16 |  |  |  |  |
|  |  | 2 |  | 3 |  |  |
|  | 9 |  |  |  | 3 |  |
|  |  |  | 10 |  |  | 2 |

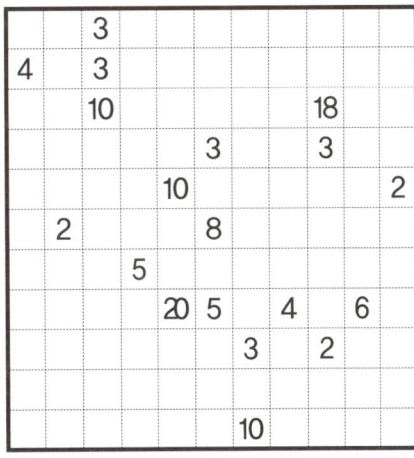

# 09-1. 다리 잇기 퍼즐

하시오 카케로(橋をかける Hashio kakero)라는 이름의 교량 만들기 또는 다리 잇기 퍼즐로
외국에서는 하시오 카케로를 줄인 '하시(Hashi)'라고 부르기도 하고 '브릿지(Bridges)' 또는
젓가락을 의미하는 '찹스틱(Chopstick)'이라고도 부른다. 목표는 1~8까지의 숫자가 쓰여진
○ 사이를 ○ 안의 숫자만큼의 다리(선분)로 연결하여 ○를 모두 연결하는 것이다.

> ### ◉ 기본 규칙
>
> - 다리(Bridge)는 하나의 ○에서 시작하고 다른 하나의 ○에서 끝납니다.
> - 다리는 다른 다리 또는 섬을 교차하지 않아야 합니다.
> - 다리는 오로지 가로 또는 세로의 직선으로 만들어집니다.
>   (대각선으로 그리거나 구부리지 않습니다.)
> - 2개의 ○을 연결하는 다리의 수는 최대 2개입니다.
> - 각 ○에 연결된 다리의 수는 ○에 표기되어있는 숫자와 일치해야 합니다.

기본 규칙에 따라 완성한 모습의 예시입니다.

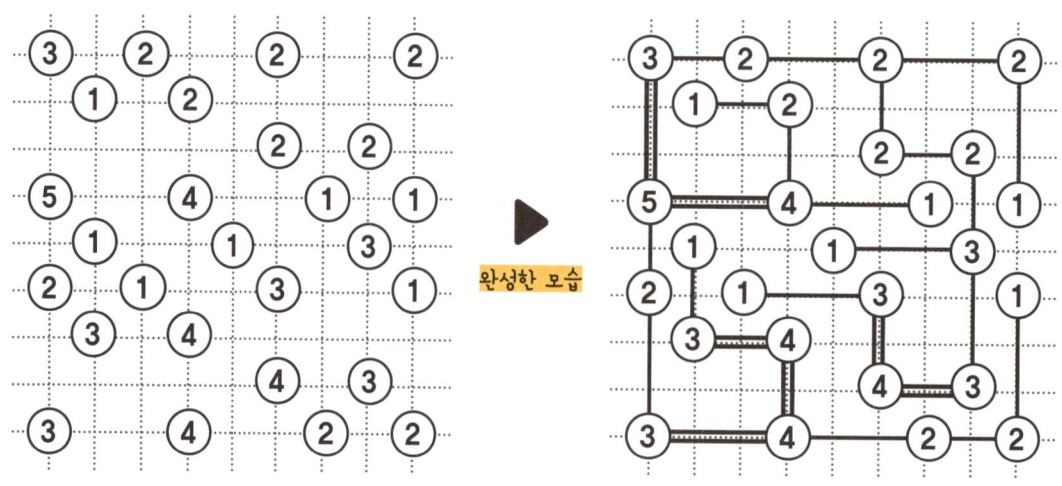

완성한 모습

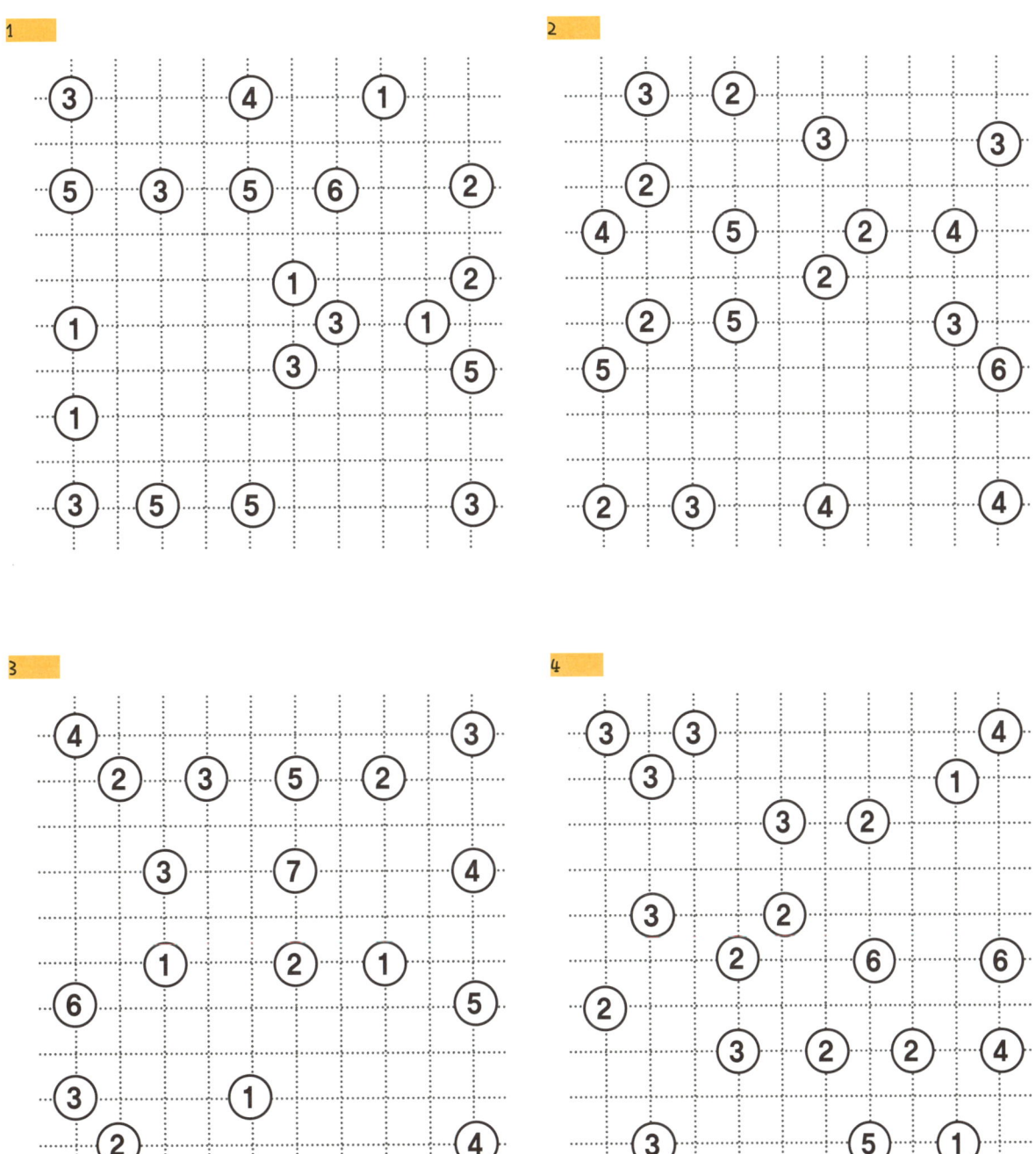

# 09-2. 조각 잇기 퍼즐

무늬가 있는 조각 8개를 한 번씩 사용하여 다음 규칙에 따라 시작점(▼)과 끝점(▷)을 하나의 선으로 연결하려고 합니다.

> ⊙ **기본 규칙**
> - 미리 놓인 조각의 위치는 바꿀 수 없습니다.
> - 사용하는 조각은 돌릴 수 있지만, 뒤집을 수 없습니다.
> - 모든 조각들의 무늬는 하나의 선으로 연결되어야 합니다.

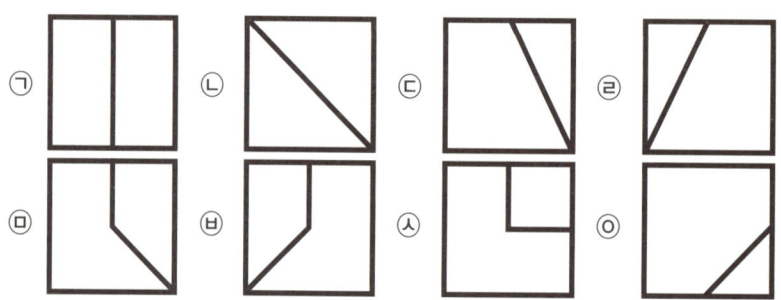

아래 그림의 ①, ②, ③, ④에 들어갈 수 있는 조각을 위의 그림에서 찾아 하나의 선으로 연결하려고 할 때, 규칙에 따라 사용한 조각의 기호를 적어봅시다.

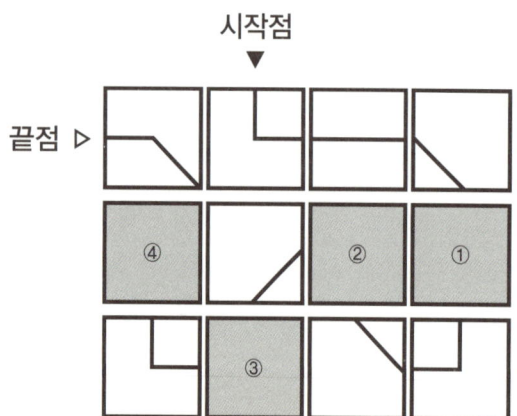

**조각의 기호**

| ① | ② | ③ | ④ |
|---|---|---|---|
|   |   |   |   |
|   |   |   |   |
|   |   |   |   |
|   |   |   |   |

# 10. 로직 퍼즐을 완성해보자

> ⊙ **기본 규칙**
> - 위쪽과 왼쪽의 숫자는 연속해서 칠할 수 있는 칸 수를 의미합니다.
> - 여러 개의 숫자가 나열된 경우는 순서대로 색칠을 하되, 숫자와 숫자 사이에는 반드시 한 칸 이상을 띄우고 칠합니다.

주제 : 글자 '수학'

| | | | | | | | | | | 3 | | | | | |
|---|---|---|---|---|---|---|---|---|---|---|---|---|---|---|---|
| | | | | | | | | | | 1 | 1 | | | | |
| | | 1 | 1 | 2 | 1 | 1 | | | 1 | 1 | 3 | | | 6 | |
| | | 1 | 1 | 4 | 1 | 1 | 1 | 0 | 3 | 1 | 1 | 1 | 1 | 3 | 1 |
| 1 1 | | | | | | | | | | | | | | | |
| 1 1 1 | | | | | | | | | | | | | | | |
| 1 1 3 1 | | | | | | | | | | | | | | | |
| 1 1 2 | | | | | | | | | | | | | | | |
| 3 1 | | | | | | | | | | | | | | | |
| 7 1 1 1 | | | | | | | | | | | | | | | |
| 1 3 1 | | | | | | | | | | | | | | | |
| 1 | | | | | | | | | | | | | | | |
| 1 4 | | | | | | | | | | | | | | | |
| 1 | | | | | | | | | | | | | | | |
| 1 | | | | | | | | | | | | | | | |

주제 : 그림 '안경'

| | | 1 | | 1 | 1 | 1 | | | | | 1 | 1 | 1 | | 1 | |
|---|---|---|---|---|---|---|---|---|---|---|---|---|---|---|---|---|
| | 2 | 1 | 1 | 1 | 1 | 1 | 1 | 3 | 1 | 1 | 3 | 1 | 1 | 1 | 1 | 2 |
| 1 2 2 1 | | | | | | | | | | | | | | | | |
| 1 1 1 1 1 1 | | | | | | | | | | | | | | | | |
| 3 4 3 | | | | | | | | | | | | | | | | |
| 1 1 1 1 | | | | | | | | | | | | | | | | |
| 2 2 | | | | | | | | | | | | | | | | |

## 1. 멋진 신사

| | | | 1 | 5 | 3 1 5 | 3 2 1 | 3 1 5 | 5 | 1 |
|---|---|---|---|---|---|---|---|---|---|
| | | | 4 | 9 | 5 | 1 | 5 | 9 | 4 |
| | | 5 | | | | | | | |
| | | 5 | | | | | | | |
| | | 7 | | | | | | | |
| | 1 | 1 | | | | | | | |
| | 1 | 1 | | | | | | | |
| | | 3 | | | | | | | |
| 2 | 1 | 2 | | | | | | | |
| | 2 | 2 | | | | | | | |
| | 2 | 2 | | | | | | | |
| | 2 | 2 | | | | | | | |
| | | 5 | | | | | | | |
| | 2 | 2 | | | | | | | |
| | 2 | 2 | | | | | | | |
| | 2 | 2 | | | | | | | |
| | 2 | 2 | | | | | | | |

## 2. 겨울에 씽씽 달려요(스케이트)

| | | | 1 | 2 | | 1 | 3 | 4 | 4 | | 4 | |
|---|---|---|---|---|---|---|---|---|---|---|---|---|
| | | 2 | 1 | 1 | 2 | 1 | 1 | 1 | 1 | 4 | 1 | 12 |
| | | 1 | 1 | 1 | 3 | 1 | 1 | 1 | 1 | 3 | 1 | 1 |
| | 5 | | | | | | | | | | | |
| | 5 | | | | | | | | | | | |
| | 6 | | | | | | | | | | | |
| | 6 | | | | | | | | | | | |
| 1 | 1 | | | | | | | | | | | |
| 1 | 1 | | | | | | | | | | | |
| 1 | 1 | | | | | | | | | | | |
| 1 | 1 | | | | | | | | | | | |
| 1 | 1 | | | | | | | | | | | |
| 2 | 1 | | | | | | | | | | | |
| 1 | 1 | | | | | | | | | | | |
| | 11 | | | | | | | | | | | |
| 1 | 1 | | | | | | | | | | | |
| | 11 | | | | | | | | | | | |

## 자기성찰을 해볼까요?

| 번호 | 평가기준 | ★ | ★ | ★ | ★ | ★ |
|---|---|---|---|---|---|---|
| 1 | 로직 퍼즐의 원리를 이해하고 있는가? | | | | | |
| 2 | 로직 퍼즐의 원리에 맞도록 그림을 완성하였는가? | | | | | |
| 3 | 모둠별 로직 퍼즐 만들기에서 아이디어를 내고 적극적으로 참여하였는가? | | | | | |

# 11. 도전! 스도쿠

스도쿠는 마방진의 일종으로 가로, 세로 9칸, 총 81칸으로 구성되어있고, 다시 3×3칸 9개로 세분화되어있다. 이 표에 1부터 9까지의 숫자를 채워 넣는 퍼즐이다. 스도쿠라는 이름은 숫자는 '한 번씩만 쓸 수 있다'라는 뜻에서 유래되었다고 한다. 스도쿠의 규칙은 다음과 같다.

> ⊙ 기본 규칙
> - 가로, 세로의 9칸에 1에서 9까지의 숫자가 중복 없이 하나씩만 들어가야 합니다.
> - 3×3칸(작은 박스) 안에도 1에서 9까지의 숫자가 중복 없이 하나씩만 들어가야 합니다.

스도쿠로 숫자 매직을 즐겨보세요. 타이머 작동합니다!

(다음 예시는 스도쿠 규칙에 따른 활동 후 아이들이 자유롭게 만든 퍼즐입니다.)

**1단계 - 1**

|   | 4 | 5 | 6 | 3 | 7 |   | 9 | 2 |
|---|---|---|---|---|---|---|---|---|
| 3 | 2 |   | 1 |   |   |   | 5 | 7 |
|   | 8 | 9 |   | 5 | 4 | 1 |   | 3 |
| 4 | 1 | 2 |   | 6 |   |   | 8 | 9 |
|   |   |   | 9 |   | 1 | 2 | 4 |   |
| 6 | 9 |   | 4 | 2 |   | 3 |   | 5 |
|   | 6 | 1 | 7 | 9 | 2 |   | 3 |   |
|   | 7 |   | 5 | 1 |   | 6 | 2 | 8 |
| 2 | 5 |   |   | 4 | 6 |   | 7 |   |

| 3 | 1 |   | 2 | 4 |   |   | 9 |   |
|---|---|---|---|---|---|---|---|---|
|   | 6 | 7 | 1 |   | 9 |   | 4 | 5 |
|   |   | 9 |   |   | 3 | 7 |   | 2 |
| 9 |   | 8 |   | 1 |   | 2 |   | 7 |
|   | 5 | 4 |   | 7 | 2 |   | 6 |   |
| 7 | 2 |   |   | 9 | 5 | 1 | 3 | 4 |
| 5 |   | 1 |   |   | 8 | 9 | 7 | 3 |
|   | 7 |   | 9 | 3 |   |   | 8 |   |
|   | 9 | 3 | 7 | 5 | 1 | 4 |   |   |

|   | 2 |   | 1 |   | 7 |   | 8 | 9 |
|---|---|---|---|---|---|---|---|---|
| 5 | 4 | 7 |   | 8 |   |   | 2 |   |
|   | 8 | 9 |   | 3 | 4 | 5 |   | 7 |
|   | 1 |   | 3 | 7 | 2 | 9 | 5 |   |
|   |   |   |   | 1 |   |   | 7 | 4 |
| 7 | 9 | 5 |   | 6 |   | 3 |   | 2 |
| 2 |   |   | 8 | 9 |   | 7 |   |   |
| 9 |   | 4 |   |   | 1 |   | 3 | 8 |
| 8 | 7 |   |   | 4 | 6 | 2 | 9 | 1 |

3단계 - 1

|   |   |   |   |   |   |   |   |   |
|---|---|---|---|---|---|---|---|---|
|   | 2 |   |   | 6 | 5 | 4 | 8 |   |
| 6 |   | 9 | 1 | 2 |   | 3 |   | 7 |
|   | 3 | 5 |   | 4 |   | 1 | 2 | 6 |
|   |   |   | 4 | 5 | 7 |   | 9 |   |
| 5 | 7 | 8 |   | 1 | 3 | 2 |   | 4 |
| 3 |   | 4 | 6 |   |   |   | 1 |   |
|   | 5 | 3 |   | 9 | 4 |   | 7 |   |
| 4 |   |   | 5 |   | 1 | 9 |   | 8 |
|   | 8 | 7 | 2 | 3 |   |   | 4 | 1 |

3단계 - 2

|   |   |   |   |   |   |   |   |   |
|---|---|---|---|---|---|---|---|---|
| 1 |   | 5 |   | 3 |   | 6 |   |   |
| 6 | 2 |   | 1 |   | 9 | 3 | 4 | 5 |
|   |   | 3 | 5 | 6 |   | 1 |   | 7 |
| 2 | 1 |   |   | 7 |   |   |   |   |
| 3 |   |   | 4 | 9 | 1 | 8 | 6 | 2 |
|   | 8 | 9 | 3 | 2 | 6 | 4 |   | 1 |
| 4 |   | 1 |   |   | 2 |   |   | 6 |
| 9 | 6 |   | 7 |   |   | 5 |   | 4 |
| 7 | 3 |   | 6 |   | 5 | 2 |   | 9 |

**4단계 - 1**

| 2 | 3 | 4 |   | 6 |   | 5 |   | 9 |
|---|---|---|---|---|---|---|---|---|
| 5 |   |   |   | 2 |   |   | 3 | 7 |
|   | 8 | 9 | 3 | 4 |   | 1 | 2 |   |
|   | 2 |   |   | 7 |   |   | 5 | 8 |
|   | 4 | 7 | 9 | 5 | 1 |   |   | 3 |
|   | 9 |   | 2 | 3 |   | 7 | 1 |   |
|   |   | 1 |   | 9 | 4 | 8 | 7 |   |
| 4 |   | 2 | 5 | 8 |   |   |   | 1 |
|   | 6 |   |   | 1 | 2 |   | 4 |   |

점점 어려운 단계의 스
도쿠에 도전해본 후 소
감을 적어봅시다.

**4단계 - 2**

| 3 | 5 |   | 4 |   | 7 |   | 8 | 9 |
|---|---|---|---|---|---|---|---|---|
|   | 1 | 8 |   | 9 |   | 5 |   | 6 |
|   | 9 | 2 | 5 |   |   |   | 4 |   |
| 1 |   |   |   |   | 8 |   | 9 | 5 |
| 6 | 2 | 7 | 1 |   | 9 |   | 3 |   |
| 9 |   |   | 3 | 6 |   |   | 1 | 2 |
|   | 4 | 1 | 8 |   | 5 |   | 6 | 7 |
|   | 6 |   |   | 7 |   | 8 |   |   |
| 8 | 7 |   | 6 | 4 |   |   | 5 |   |

# 12. 흥미로운 성냥개비 퍼즐

지금은 주위에서 찾아보기 힘들어진 성냥개비는 예전에는 일상생활 속에서 늘 접할 수 있었던 생활필수품 중 하나였다. 그만큼 성냥개비를 이용한 놀이도 많이 개발되었는데, 그 중 하나가 성냥개비 다각형 퍼즐이다.

(성냥개비 대신 커피막대를 사용하여 활동할 수도 있다.)

1.

그림에서 성냥개비 3개를 움직여 정사각형을 3개로 줄여봅시다.

2.

그림에서 성냥개비 6개를 움직여 5개의 정사각형을 만드는 방법을 찾아봅시다. 단 나머지 6개의 성냥개비는 움직이지 않고 그대로 두어야 합니다.

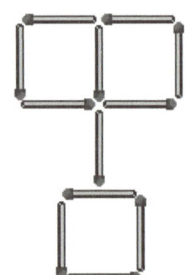

3.

그림에서 성냥개비 2개를 움직여 정사각형 6개를 만들어봅시다.

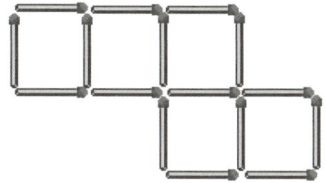

4.

1) 그림의 정삼각형 5개에서 2개만 움직여 정삼각형이 4개가 되도록 만들어봅시다.

2) 한번에 2개씩 움직여 정삼각형이 그때마다 1개씩 감소하도록 해봅시다. 정삼각형의 크기는 관계없습니다. 물론 성냥개비를 꺾어 구부리거나 포개서 놓거나 교차시켜서는 안 됩니다. 정삼각형이 몇 개가 될 때까지 감소시킬 수 있을까요?

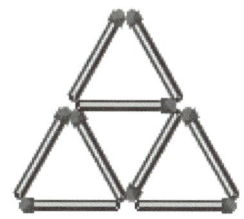

**배움일기**

성냥개비 다각형 퍼즐을 풀어본 소감을 적어봅시다.

# IV

## 신기하고 아름다운 '기하'의 세계

# 13. 플랫랜드 속의 차원이야기

⊙ **수업의 흐름**

시작하기 전에 ▶ 영화 〈플랫랜드〉 ▶ 내가 사는 세상이 전부일까?
▶ 활동결과 나누기

**시작하기 전에**

영국의 에드윈 에벗(1838-1926)이 1884년에 발표한 소설『플랫랜드』는 물리학에서 4차원 세계가 논의되기 수십 년 전에 정교한 수학적 논리로 4차원 세계를 예측하고 있다는 점에서 과학적 가치도 높은 문학작품이다. 소설을 애니메이션 영화로 만든 〈플랫랜드〉는 상영시간이 35분 정도이고, 제목이 의미하듯 평평한 세계, 즉 2차원 평면 세계를 중심으로 차원의 문제를 흥미롭게 보여준다. 중학교 1학년 때, 아이들은 기하의 세계로 첫발을 딛는다. 점·선·면이 무엇인지 살펴보고, 위치관계를 공부하면서 우리가 살고 있는 세상을 관찰하게 된다. 우리는 3차원의 세계에 살고 있지만 3차원 존재의 전체를 동시에 볼 수는 없다. 사람의 얼굴을 볼 때도 뒷모습은 보지 못하지만 본다고 생각하며, 정육면체를 볼 때도 뒤쪽은 보이지 않지만 본다고 생각한다.

〈플랫랜드〉는 우리가 살고 있는 3차원의 세계 너머에 있을 4차원의 세계에 대해 상상력을 발휘하게 하고, 아이들이 몰입하게 하는 재미를 준다. 또한 차원에 대한 설명과 인식의 한계를 뛰어넘으라는 메시지를 흥미롭게 던진다. 즉, "우리가 3차원 존재를 보는 방법을 서로 이야기해볼 수 있는 기회를 제공하고 내가 사는 세상이 전부일까?" 라는 의문을 갖게 한다. 영상을 본 후 학습지를 통해 〈플랫랜드〉 속에 나오는 용어 알기, 자신의 방을 〈플랫랜드〉로 그려보기, 영화 속의 '33h'가 의미하는 것이 무엇인지 의견 나누기, 정육면체 단면 탐구, 영화 속 대사 내 맘대로 바꾸기, 마지막 장면에서 스페리우스의 대사에 대한 자신의 생각을 친구들과 의견을 나누는 시간을 가진다.

## 영화 〈플랫랜드〉

영화에서 주인공인 정사각형은 1차원인 라인랜드와 0차원인 포인트랜드를 차례로 방문하여 그들이 사는 세계보다 높은 차원의 플랫랜드가 존재함을 알려주려고 여러 가지 시도를 하지만 1차원과 0차원의 도형들은 생각의 한계를 뛰어넘지 못한다. 이번에는 스페이스랜드의 구가 플랫랜드를 방문하여 3차원 세계에 대해 설명해주지만 주인공인 정사각형은 라인랜드나 포인트랜드의 도형들이 그랬듯이 처음에는 3차원 세계의 존재를 믿지 못한다. 구는 가로와 세로뿐 아니라 높이라는 새로운 방향을 추가하면 3차원이 되는 것을 설명하지만 2차원 평면 세계에 익숙한 주인공 정사각형은 이해하지 못한 것이다. 이에 구는 평면을 관통하면서 구의 단면인 원의 크기가 변화하는 것을 보여주었고, 비로소 정사각형은 구의 존재를 어렴풋이 인식하고 2차원보다 높은 차원의 세계가 있음을 인정하게 된다.

이렇듯 〈플랫랜드〉는 여러 차원을 옮겨 다니면서 사고를 확장시켜준다. 주인공 정사각형은 새로운 차원인 3차원을 경험하고 자신이 사는 평면 세계 이외의 또 다른 신비한 세계가 존재함을 보고 감탄한다. 3차원의 비밀을 알게 된 주인공 정사각형은 2차원의 플랫랜드로 돌아와 주민들에게 지금 살고 있는 세계와 다른 신비한 세계가 있다는 사실을 전한다.

그러나 지배자들은 불온한 사상을 전파한다는 혐의를 뒤집어씌웠다. 정사각형은 재판에 회부되어 종신형을 선고받게 된다. 소설에서는 감옥에 갇힌 사각형이 끝내 자신의 신념을 굽히지 않으며 7년이 지난 후 이 글을 남긴다는 내용으로 끝이 나는데, 애니메이션에서는 정사각형이 3차원의 세계로 사라지면서 성직자인 '원'이 대신 감옥에 갇히게 된다. 주인공 정사각형은 플랫랜드 주민들이 3차원의 진실을 알게 된 것을 기뻐하고, 스페이스랜드에서 온 스페리우스의 "사실은 4차원이지만…."이라는 대사로 영화가 끝난다.

| 내가 사는 세상이 전부일까? | |
|---|---|
| 학년　　반　　번　이름 (　　　　　　) | |
| 영화 | 〈플랫랜드FIATLAND(다차원 탐험 여행A Journey of Many Dimensions)〉, 2007<br>감독 다노 존슨, 제프리 트래비스 |
| 소개 | 영화 〈플랫랜드〉는 1884년 에드윈 애벗이 발표한 소설을 참고하여 만든 에니메이션 영화다.<br><br> 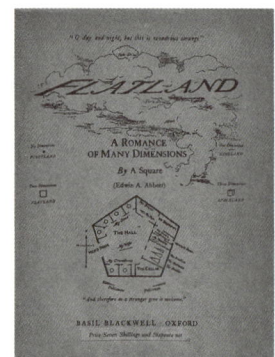<br><br>소설 『플랫랜드』는 평면도형들이 사는 가상의 세계를 배경으로 한다. 그 곳의 평면도형들은 사람처럼 감정을 가지고 있고, 사고를 하며 사회생활을 한다. 또한, 하층민은 이등변삼각형, 전문직 종사자는 정사각형, 귀족은 육각형 이상의 정다각형, 성직자는 원과 같이 모양에 따라 신분이 다르다.<br>주인공 정사각형은 포인트랜드, 라인랜드를 여행하면서 자신이 속한 플랫랜드보다 더 높은 세상이 있다는 것을 알게 된다. 소설에서 주인공은 불온한 사상을 전파한다는 이유로 재판에 회부되어 종신형을 선고받으나, 영화 〈플랫랜드〉에서는 좀 더 희망적인 결말이 기다리고 있다. |

0. 영화에 등장한 수학 용어! 알아두면⋯ You are Smart!

| 영어 표현 | 수학 용어 | 영어 표현 | 수학 용어 |
|---|---|---|---|
| isosceles triangle | | 4 vertices | |
| equilateral triangle | | 90 degree | |
| square | | Third dimension | |
| pentagon | | | |
| hexagon | | | |
| circle | | | |

1. 영화속으로 Go! Go!

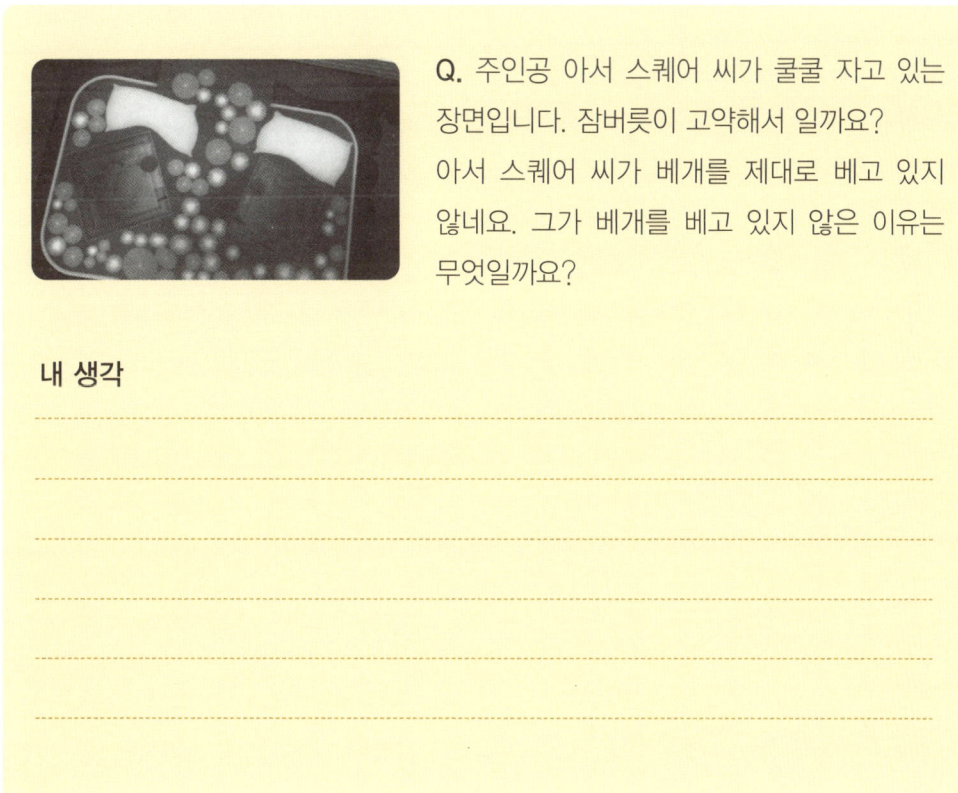

Q. 주인공 아서 스퀘어 씨가 쿨쿨 자고 있는 장면입니다. 잠버릇이 고약해서 일까요?
아서 스퀘어 씨가 베개를 제대로 베고 있지 않네요. 그가 베개를 베고 있지 않은 이유는 무엇일까요?

내 생각

## 2. 여기는 플랫랜드(Flat Land)

다음은 플랫랜드에 그려진 여러 가지 물건들과 주인공의 집입니다. 우리가 살고 있는 3차원 세상의 물건이나 자신의 방을 플랫랜드의 표현으로 그려보세요.

식탁과 꽃병                          아서 스퀘어의 집

## 3. 궁금해요! ~ 궁금증 하나

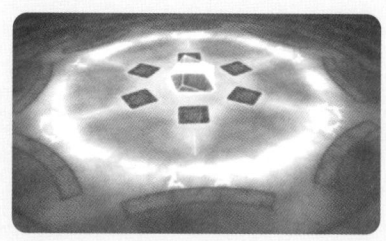

**Q.** 플랫랜드의 금지구역을 33h로 표현한 이유는 무엇인지 자신의 생각을 적어보세요.

**내 생각**

## 4. 궁금해요! ~ 궁금증 둘

**Q.** 헥사(Hex)가 할아버지와의 대화에서 상상해낸 3차원의 초정사각형(A super-square in the 3rd dimension)은 어떤 입체도형이라고 생각하는지 자신의 생각을 적어보세요.

**내 생각**

## 5. 궁금해요! ~ 궁금증 셋

**Q.** 헥사(Hex)가 할아버지와의 대화에서 상상해낸 3차원의 초정육각형(A super-hexagon in the 3rd dimension)은 어떤 입체도형이라고 생각하는지 자신의 생각을 적어보세요.

**내 생각**

## 6. 정육면체 단면 탐구

다음 장면은 33h 지역을 나타내고 있습니다. 3차원을 상징하는 정육면체가 회전하면서 2차원 평면과 만나는 절단면이 생기는데, 이 단면은 여러 도형이 가능합니다. 단면을 그려봅시다.

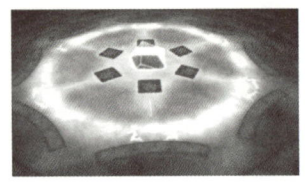 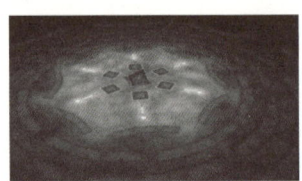 

잘린 단면  정사각형 정삼각형 이등변삼각형 마름모

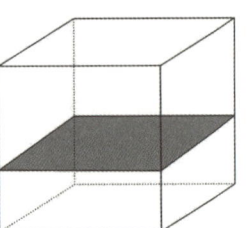 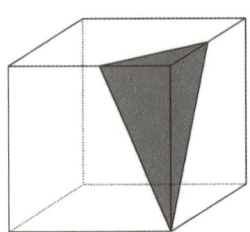 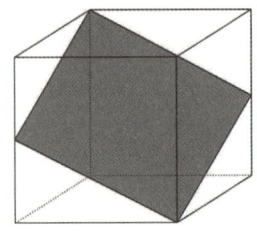

## 7. 영화 속 대사 내 맘대로 바꿔보기

(밑줄 친 단어를 바꿔 나만의 문장을 완성해보세요.)

(1) "모양이 사람을 만든다 Configuration makes the man."

------------------------------------------------------------

(2) "수학과 논리, 그리고 상상력을 써서 진실을 밝혀라."

------------------------------------------------------------

(3) "위대한 열망을 품는 것은 무지와 무기력의 대가로 주어지는 안락한 삶보다 훨씬 중요
하다 To aspire to something greater is far better than to be blindly and impotently
happy."

------------------------------------------------------------

------------------------------------------------------------

## 8. 〈플랫랜드〉를 보고 나서

"내 덕분에 이제야 평면나라의 주민들이 3차원의 진실을 알게 되었군요!"
"사실은 4차원이지만…."
마지막 장면에서 스페리우스의 대사가 무슨 의미인지 생각해보고 자신의 생각을
서술해봅시다.

### 내 생각

------------------------------------------------------------

------------------------------------------------------------

------------------------------------------------------------

------------------------------------------------------------

# 활동결과 나누기

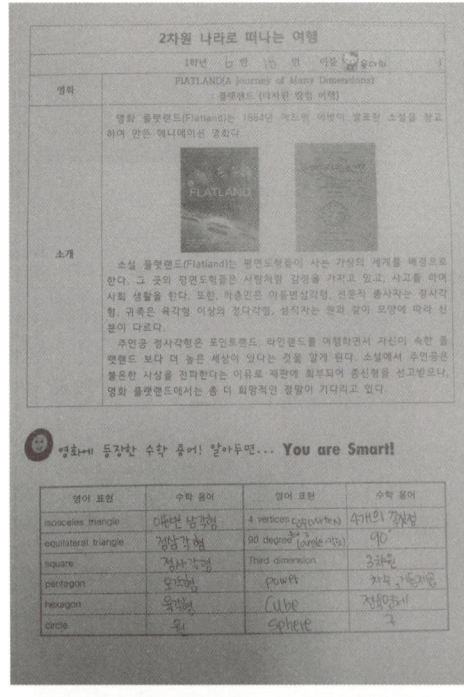

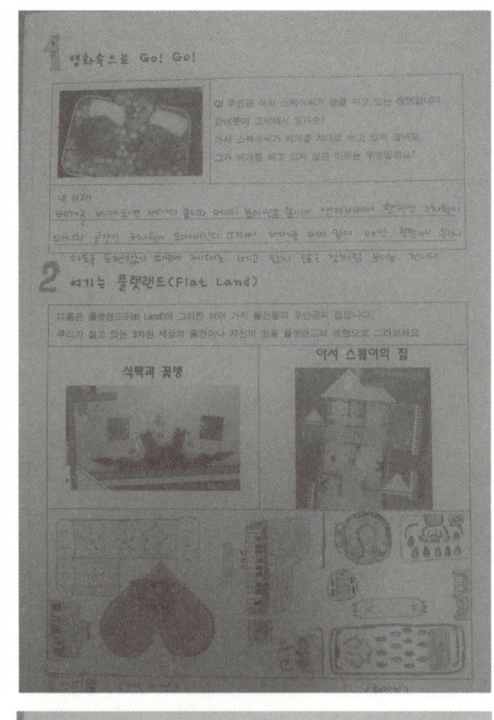

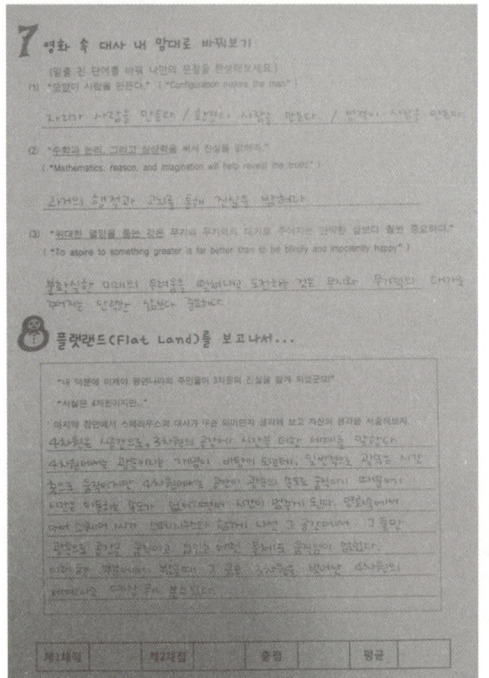

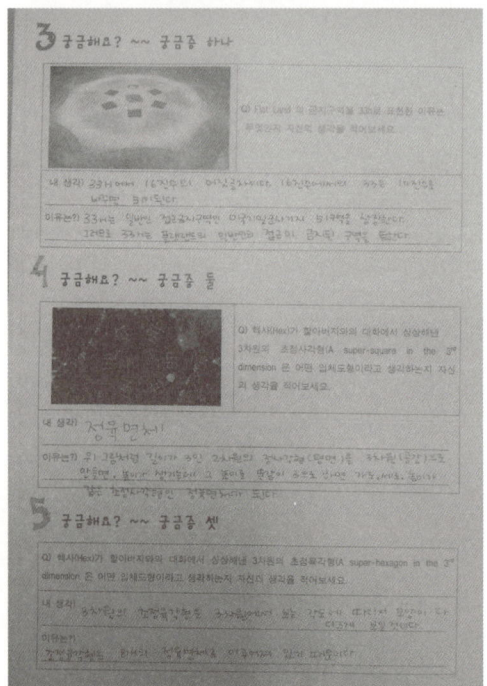

# 14-1. 프랙탈, 무한의 세계로

⊙ **수업의 흐름**

시작하기 전에 ▶ 프랙탈, 무한의 세계로 2 ▶ 활동결과 나누기

**시작하기 전에**

수학체험전이나 수학 관련 행사에서 보는 프랙탈에서 패턴의 아름다움을 발견하고 느낄 수 있다면, 수학적 흥미를 느낀 것으로 볼 수 있다. 흥미가 없는 학생들에게는 패턴을 시각적으로 아름답게 꾸며보는 기회를 제공하는 활동으로 수업을 진행할 수 있다. 단순한 무한반복으로 단계를 반복하는 것은 크게 의미가 없는 듯하여 기초학습부진아를 지도할 때, 대상 학생들을 데리고 시어핀스키 사면체를 만들어 전시했던 경험이 있다. 자칫, 활동 중심의 체험수학은 이렇게 수학적 의미를 모른 채 만들기에만 열중하는 경우도 생기기 마련이다. 그렇다면, 시어핀스키 삼각형 속에 숨어있는 수학적 원리는 무엇일까?

위의 그림을 보고 변해가는 규칙을 말해보자.

첫 번째 삼각형에서 각 변의 중점을 연결하여 4등분한 후 가운데 색칠한 부분을 제거하여 두 번째 그림을 얻는다. 그 다음에 두 번째 그림의 남은 정삼각형 3개 각각에 대하여 동일한 과정을 반복하여 세 번째 그림을 얻는다. 이 과정을 무한 번 반복하여 얻어지는 흰색 부분의 도형이 시어핀스키 삼각형이다. 위에 있는 5개의 그림 중 어느 것도 시어핀스키 삼각형이라고 말할 수 없다. 왜냐하면 시어핀스키 삼각형은 '무한 번'의 과정을 거쳐야 하므로 우리의 상상 속에서는 존재하지만 눈으로는 볼 수가 없다. 그럼, 시어핀스키 삼각형이 만들어지는 과정 속에 어떤 원리가 있는지 살펴보자.

첫째, 시어핀스키 삼각형의 둘레의 길이는 무한이다.

처음 정삼각형의 한 변의 길이를 1이라고 하고, 각 단계별로 표를 그려서 확인해보자.

| 단계 | 둘레의 길이 | |
|---|---|---|
| 처음 | 3 | 3 |
| 1단계 후 | $\frac{1}{2} \times 3 \times 3 = \frac{3^2}{2^1}$ | 4.5 |
| 2단계 후 | $\left(\frac{1}{2}\right)^2 \times 3 \times 3 \times 3 = \frac{3^3}{2^2}$ | 6.75 |
| 3단계 후 | $\left(\frac{1}{2}\right)^3 \times 3 \times 3 \times 3 \times 3 = \frac{3^4}{2^3}$ | 10.125 |
| ⋮ | ⋮ | |
| n단계 후 | $\frac{3^{n+1}}{2^n} = 3 \times \left(\frac{3}{2}\right)^n$ | 무한 |

둘째, 시어핀스키 삼각형의 넓이는 0이다.

처음 정삼각형의 넓이를 1이라고 하고, 각 단계별로 표를 그려서 확인해보자.

| 단계 | 넓이 | |
|---|---|---|
| 처음 | 1 | 1 |
| 1단계 후 | $\frac{1}{4} \times 3 = \frac{3}{4}$ | 0.75 |
| 2단계 후 | $\left(\frac{1}{4}\right)^2 \times 3^2 = \left(\frac{3}{4}\right)^2$ | 0.5625 |
| 3단계 후 | $\left(\frac{1}{4}\right)^3 \times 3^3 = \left(\frac{3}{4}\right)^3$ | 0.421875 |
| ⋮ | ⋮ | |
| n단계 후 | $\left(\frac{3}{4}\right)^n$ | 0 |

우리 주변에서 둘레의 길이는 점점 커지지만 넓이는 점점 작아지는 도형을 본 적이 있는 가? 둘레의 길이는 무한인데 넓이가 0인 도형, 바로 시어핀스키 삼각형이 그런 도형이다.

그럼, 시어핀스키 삼각형의 차원은 얼마일까?

시어핀스키 삼각형의 차원은 $\frac{\log 3}{\log 2} ≒ 1.585$ 로 우리가 알고 있는 유리수 범위 밖의 1보다 크고 2보다 작은 무리수 차원이다. 우리가 알고 있는 '점은 0차원, 선은 1차원, 면은 2차원, 입체는 3차원' 외에 1차원인 '선' 이상이면서 2차원인 '면' 이하인 어떤 도형과 차원이 존재함을 수학이 말해주는 것이다. 프랙탈에서의 차원은 자기유사성의 정도를 말하는 것으로 자세한 계산은 정확한 의미의 '프랙탈 차원'의 정의와 로그함수를 알아야 하므로 나중으로 미뤄둔다.

시어핀스키 삼각형이 2차원 도형에서 시작한 것이면 3차원 입체도형에서 시작한 도형도 생각해볼 수 있지 않을까? 우리가 알고 있는 맹거스펀지가 바로 그것이다. 놀랍게도 맹거스펀지의 겉넓이는 무한이지만 그 부피는 0이다. 맹거스펀지의 차원은 $\frac{\log 20}{\log 3} ≒ 2.727$ 로, 2보다 크고 3보다 작은 차원이다.

작은 구조가 전체 구조와 비슷한 형태로 반복되는 프랙탈은 자연과 인체 속에서도 찾아볼 수 있는데, 우리가 흔히 먹는 브로콜리도 하나씩 뜯어보면 동일한 패턴을 반복하고 있음을 볼 수 있다. 또 유한한 신체의 제한된 공간에서 유한한 부피를 갖지만 겉넓이가 최대가 되는 것이 유리한 폐와 허파꽈리, 뇌의 구조 속에도 프랙탈이 숨어있다니 놀랍지 않은가! 영화 〈겨울왕국〉에서도 주인공 엘사가 얼음성을 짓는 과정에도 아름다운 프랙탈이 적용된 것을 볼 수 있다. 기하학뿐 아니라 컴퓨터그래픽을 이용한 애니메이션 제작에도 프랙탈 기법을 도입해 자연의 실물과 매우 유사한 그림을 재현할 수 있게 되었다.

갈릴레오 갈릴레이(1564~1642)는 "신은 수학이라는 언어로 우주를 창조했다."라고 말했다. 우리 몸 속 작은 기관부터 시작하여 우주까지 모든 것에 숨겨져 있는 프랙탈 구조를 상상해보고 호기심을 가져보면 어떨까?

# 14-2. 프랙탈, 무한의 세계로 2

프랙탈은 부분의 모습이 자기 자신의 전체와 똑같은 모양을 하고 있다는 자기유사성 개념을 기하학적으로 푼 구조를 말한다. 프랙탈은 단순한 구조가 끊임없이 반복되면서 복잡하고 묘한 전체 구조를 만드는 것으로, '자기유사성'과 '순환성'이라는 특징을 가지고 있다. 유한한 종이에 선의 길이가 무한인 도형을 그릴 수 있는 코흐곡선과 시어핀스키, 맹거스펀지 등 입체도형, 생활 속에서 발견되는 나뭇잎 테두리, 리아스식 해안선, 동물혈관 분포 형태, 나뭇가지 모양에서 프랙탈 구조를 발견할 수 있다.

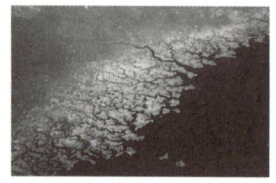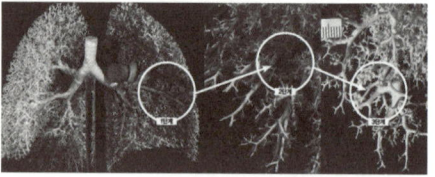

### 프랙탈(코흐곡선) 만들기

유클리드기하에서는 직선, 면, 공간은 1차원, 2차원, 3차원으로 정의되지만 프랙탈 기하에서의 차원은 무리수 범위이다. 다음 그림에서 보는 눈송이처럼 보이는 코흐 곡선은 한 변의 길이가 1인 삼각형을 3등분한 후 가운데 부분을 삼각형 모양으로 만든 것으로 1차원이라고 할 수 없지만 그렇다고 2차원으로 보기에도 완전하지가 않다. 코흐곡선의 프랙탈 차원은 $\frac{\log 4}{\log 3} ≒ 1.2618$ 이다.

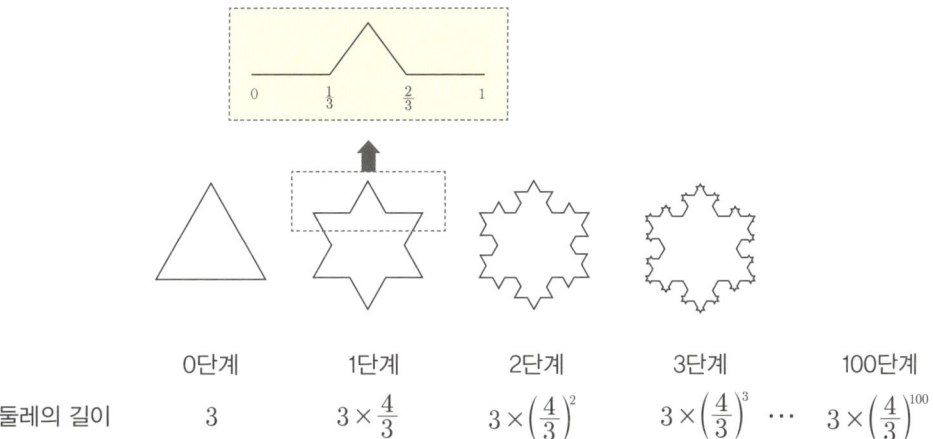

| | 0단계 | 1단계 | 2단계 | 3단계 | 100단계 |
|---|---|---|---|---|---|
| 둘레의 길이 | 3 | $3 \times \dfrac{4}{3}$ | $3 \times \left(\dfrac{4}{3}\right)^2$ | $3 \times \left(\dfrac{4}{3}\right)^3 \cdots$ | $3 \times \left(\dfrac{4}{3}\right)^{100}$ |

둘레의 길이는 무한 번 반복하면 $\lim\limits_{n \to \infty} 3 \cdot \left(\dfrac{4}{3}\right)^n = \infty$의 값을 가지면서 무한대로 커지지만 넓이는 0단계의 $\dfrac{\sqrt{3}}{4}$에서 $\dfrac{2\sqrt{3}}{5}$의 값으로 유한한 값을 갖는다. 자세한 계산은 중학교 1학년의 범위를 벗어나므로 나중으로 미루지만, 아이들과 함께 유한, 무한에 대해 생각해보는 것은 의미 있는 활동이다.

(1) 코흐곡선 만들기

(2) 시어핀스키 만들기

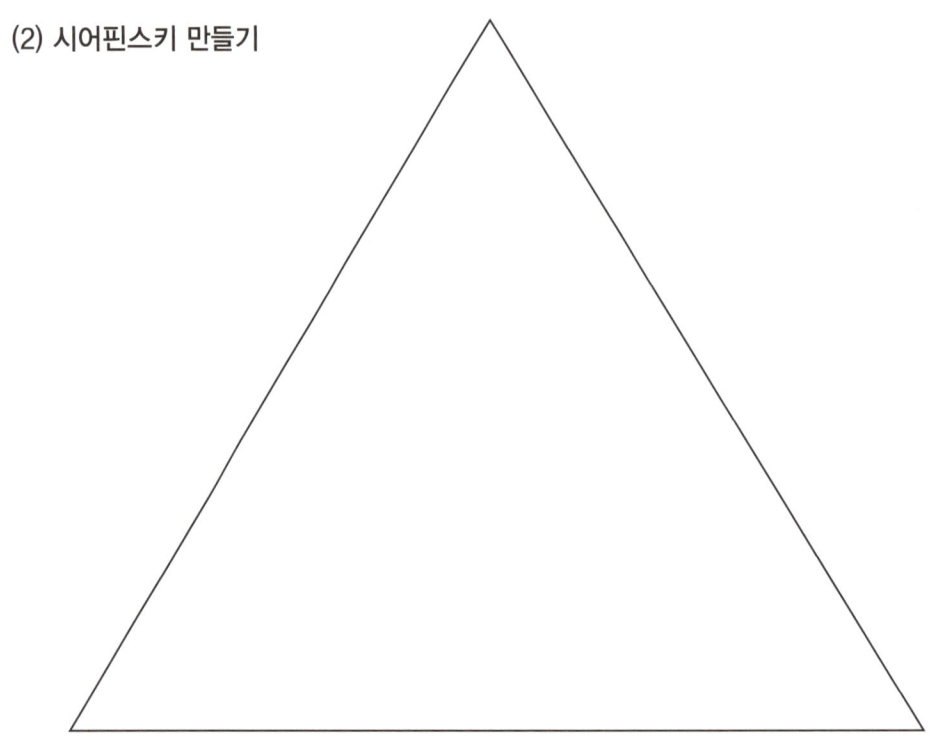

## 프랙탈 카드 만들기

준비물 : A4색지 1장, 가위, 자, 연필

### – 삼각형

| ① | ② | ③ | ④ |
|---|---|---|---|
|  |  | 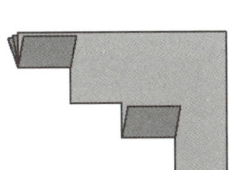 | 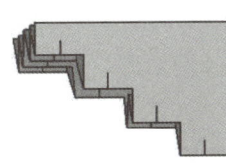 |

| | | | |
|---|---|---|---|
| 종이를 반으로 접은 후 접은 선의 중심에서부터 높이의 반만큼 잘라 왼쪽을 접어 올린다. | 왼쪽 부분을 펴서 다시 안쪽으로 접어 올리고, 높이의 반만큼 자른다. 다른 한 쪽도 같은 길이만큼 자른다. | 각각의 왼쪽 부분을 접어 올린다. | 왼쪽 부분들을 펴서 다시 안쪽으로 접어 올리고, 각 부분의 중심에서 높이의 반만큼 자른다. |

### – 사각형

| ① | ② | ③ | ④ |
|---|---|---|---|
|  |  | 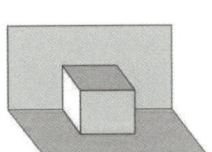 | 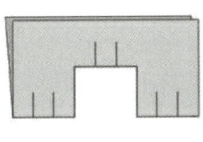 |

| | | | |
|---|---|---|---|
| 종이를 반으로 접는다. | 접은 선의 3등분점에서 높이의 반만큼 자른다. | 가운데 부분을 접은 후 펴서 다시 안쪽으로 접어 올린다. | 접은 선이 있는 곳마다 ③의 과정을 반복한다. |

| ⑤ | ⑥ | ⑦ |
|---|---|---|
| 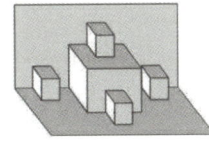 | 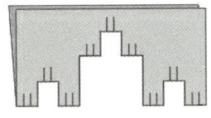 | 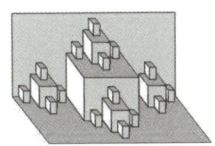 |

③, ④와 같은 과정을 할 수 있을 때까지 반복하여 펼친다.

## 활동결과 나누기

아이들의 흥미를 끌기 위해 다양한 프랙탈 구조를 제시하고, 프랙탈에 관한 영상을 편집하여 보여주는 것도 좋다. 또한 수학적 모델로서의 프랙탈 원리를 이해할 수 있도록 코흐 곡선과, 시어핀스키 삼각형, 프랙탈 카드, 맹거스펀지 열쇠고리 등을 직접 만들어보는 것이 좋다. 아이들은 단순한 규칙의 반복으로 아름다운 모습을 완성해가는 작품으로 인해 프랙탈과 친해지고, 그 아름다움을 인지하게 된다.

프랙탈 단계가 올라가면서 아이들의 인내심과 결과물의 아름다움 정도가 연결되므로 꼼꼼하게 열심히 할 수 있도록 격려와 칭찬이 필요하다. 시어핀스키 삼각형을 만드는 과정에서는 칼을 사용하는 것이 위험하여 색연필을 사용하여 잘라낸 부분을 색칠하여 단계를 확장하도록 했다.

프랙탈 카드 만들기는 12월 크리스마스 카드 만들기 활동에도 활용할 수 있다.

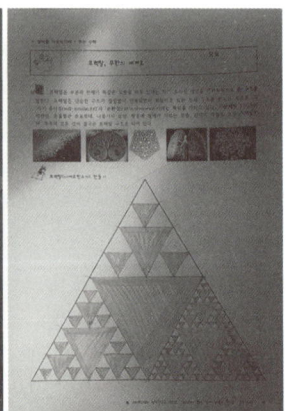

# 15-1. 출발, 스트링아트의 세계로

⊙ **수업의 흐름**

시작하기 전에 ▶ 선분의 규칙성 ▶ 원의 크기 ▶ 활동결과 나누기

**시작하기 전에**

원을 그리려면 컴퍼스나 동전 등 동그라미 모양을 대고 그린다. 스트링아트(String Art)는 실이나 끈을 이용하여 직선만으로 원을 그리거나 곡선을 만드는 예술이다. 종이에 자와 색깔 펜으로 2개 이상의 원을 겹쳐서 디자인하거나 스트링아트를 이용한 열쇠고리 만들기, 나무판자에 못을 박고 그 위에 실이나 끈을 이용해 여러 가지 장식품을 만드는 스트링아트가 유행하고 있다.

스트링아트는 단순한 선분들이 일정한 규칙을 가지고 모여 곡선으로 변신하는 수학의 아름다움을 찾아볼 수 있는 것으로 융합교육이나 미술활동에도 많이 사용되고 있다. 스트링아트 속에 숨어있는 수학적 원리를 탐색하고, 그 원리를 활용하여 작품을 만들어보는 활동으로 연결한다.

## 1. 선분의 규칙성

다음 그림에서 선분의 규칙을 찾아봅시다.

주어진 점과 그 점에서 ___칸 이동한 점을 연결하여 선분을 그었습니다.

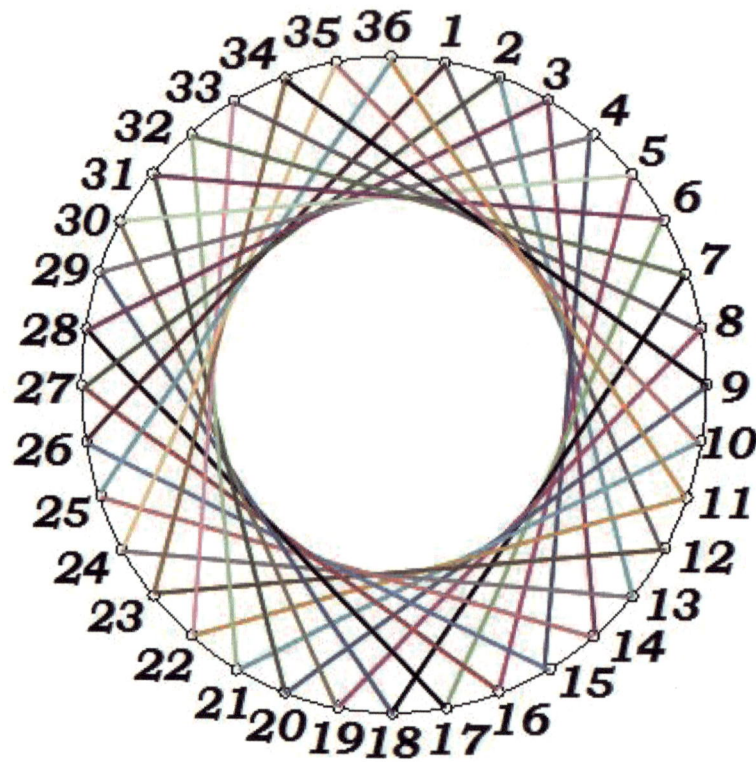

## 2. 원의 크기

선분의 규칙성을 2개 이상 적용하면 2개 이상의 원을 그릴 수 있습니다.

원의 크기가 달라지는 이유는 무엇일까요?

선분으로 아름다운 곡선을 연출할 수 있을까요? 여러분의 솜씨를 뽐내봅시다.

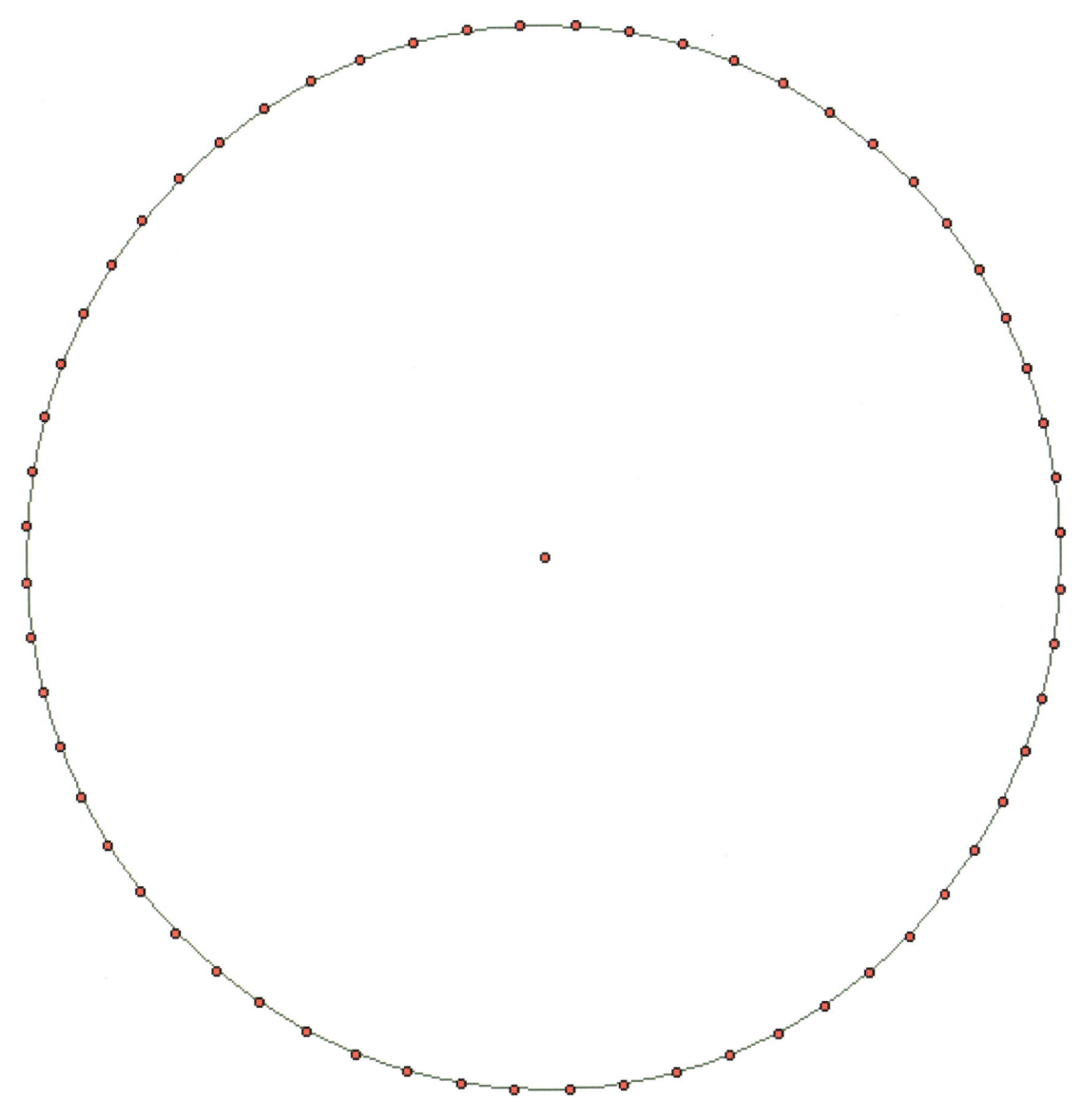

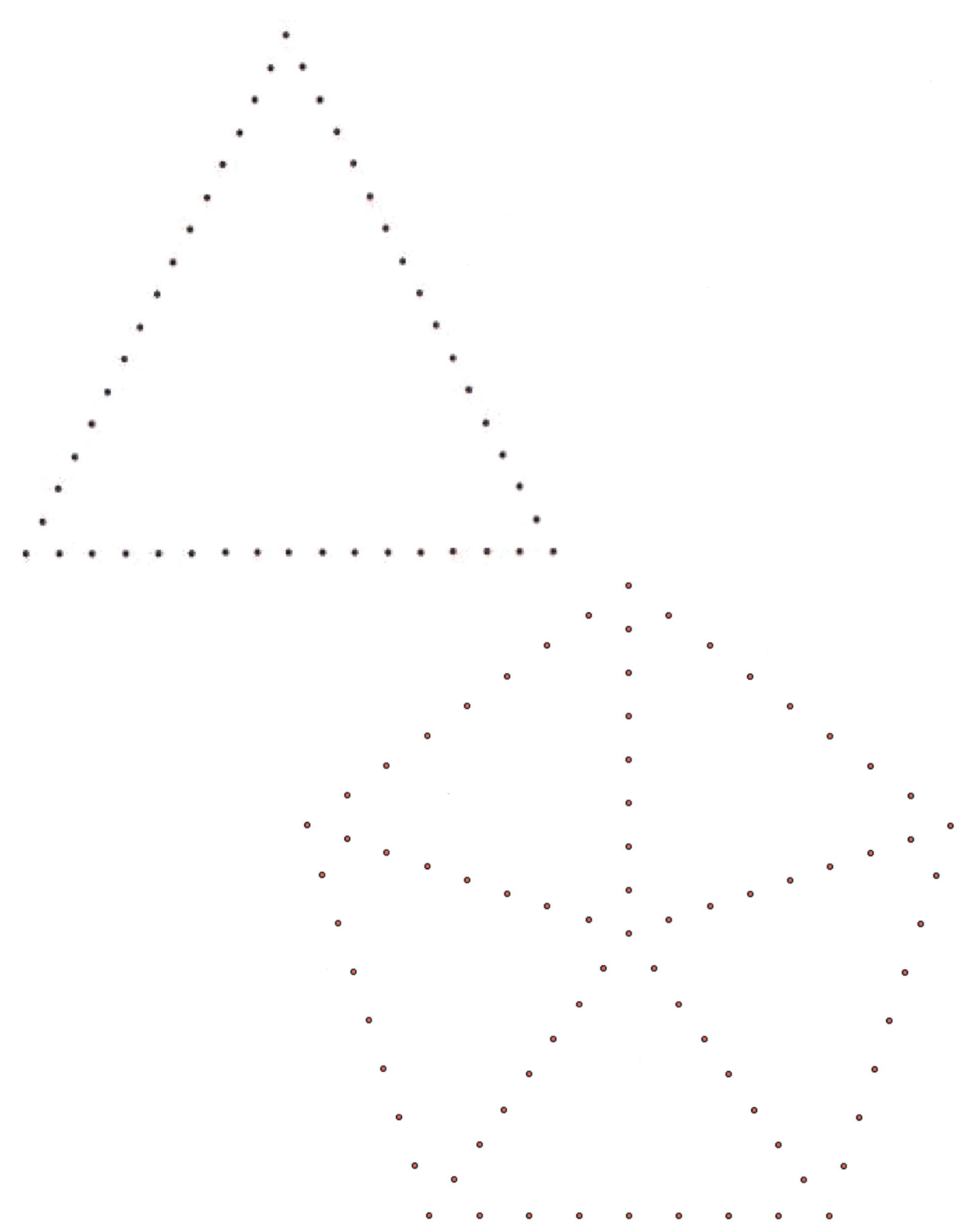

 자기성찰을 해볼까요?

| 번호 | 평가기준 | ★ | ★ | ★ | ★ | ★ |
|------|---------|---|---|---|---|---|
| 1 | 자와 펜을 사용하여 선분의 연결을 정확하게 했는가? | | | | | |
| 2 | 함수식에 따른 원의 크기의 변화를 말할 수 있는가? | | | | | |
| 3 | 펜의 색깔을 다양하게 하여 크기가 다른 원을 그릴 수 있는가? | | | | | |
| 4 | 함수식을 다양하게 하여 창의적인 모양을 만들 수 있는가? | | | | | |
| 5 | 흥미를 가지고 참여하며 친구들의 작품 완성을 도와줬는가? | | | | | |

### 활동결과 나누기

함숫값의 대응값에 따라 원의 크기가 달라지는 것을 확인할 수 있고, 원의 크기에 따라 다양한 색깔의 펜을 이용하여 아름답게 디자인할 수 있다. 원모양 외에 태극문양, 하트모양, 꽃잎모양의 함숫값을 찾아내어 표현한 학생도 있었다.

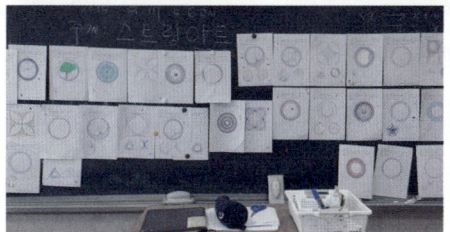

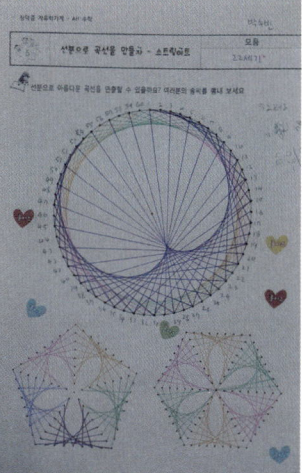

# 15-2. 스트링아트 가방고리 만들기

스트링아트 가방고리 만들기로 여러분의 솜씨를 뽐내보세요.

## 스트링아트 가방고리 만들기

①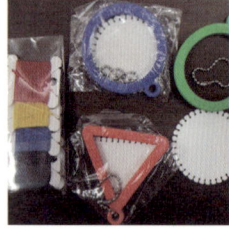

스트링아트 재료

②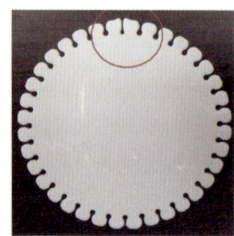

처음 시작 부분의 고리 확인이 중요하다. 좌우로 왔다 갔다 하며 매듭을 짓거나 뒷면에 테이프로 고정한다.

③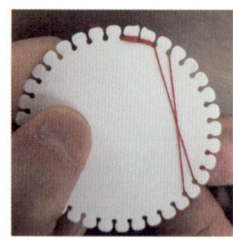

실을 1번에 끼워 앞으로 당긴 다음 원하는 곳(11번)에 끼우고 뒤쪽으로 당긴다.

④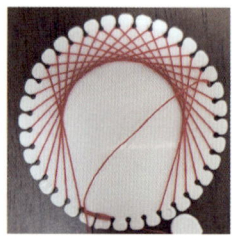

2번으로 올라와서 12번, 3번으로 올라와서 13번, …… 으로 실을 연결한다.

⑤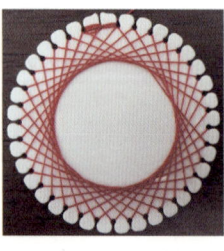

남은 실을 적당한 길이로 잘라 매듭 부분에서 마무리하거나 뒷면에 테이프로 고정한다.

⑥

고무 스트링 커버를 씌운다.

⑦

스텐볼 체인으로 마무리한다.

⑧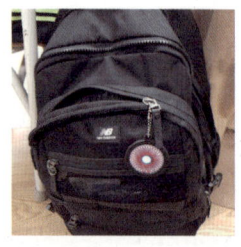

내가 걸고 싶은 곳에 짜잔~

다양한 모양을 관찰한 후 자신만의 멋진 작품을 만들어봅시다.

이미지 출처 : 수학사랑(http://www.mathlove.kr)

스트링아트를 해본 소감을 적어봅시다.

 자기성찰을 해볼까요?

| 번호 | 평가기준 | ★ | ★ | ★ | ★ | ★ |
|------|----------|---|---|---|---|---|
| 1 | 처음과 끝의 매듭처리가 깔끔한가? | | | | | |
| 2 | 테두리의 색과 어울리는 색을 사용해 작품의 완성도가 높은가? | | | | | |
| 3 | 여러 가지 색을 사용해 창의적인 모양으로 작품을 완성했는가? | | | | | |

## 활동결과 나누기

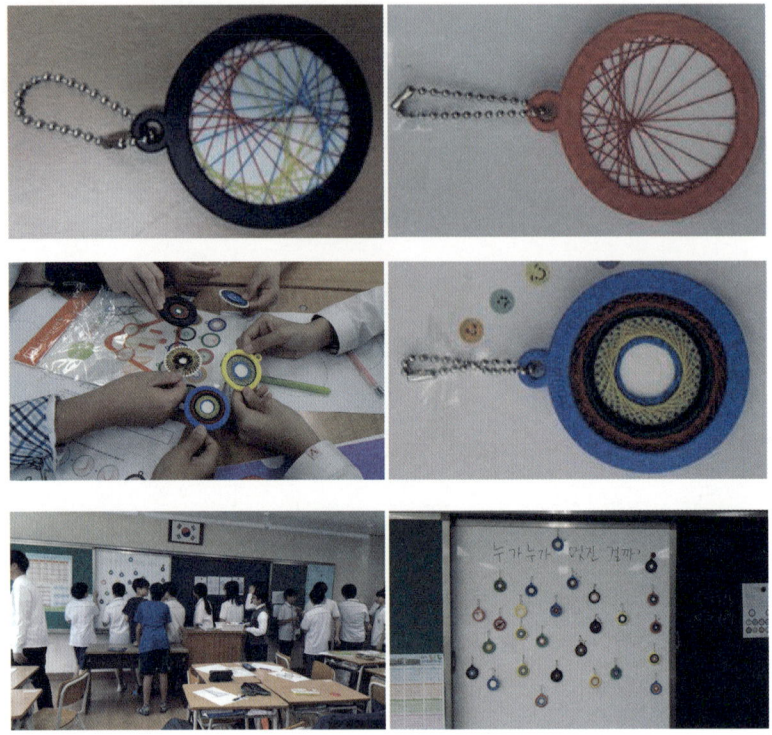

### 수업안내

수학사랑 몰에서 스트링아트 재료를 구입하여 사용하였으며, 열쇠고리를 만드는 방법을 적은 활동지를 모둠별로 배부한 후 주의할 사항을 설명한다. 특히 처음 시작과 마무리에서 매듭처리를 잘해야 완성했을 때의 작품이 깔끔하다. 다양한 작품들을 보여준 후, 자신만의 창의적인 작품을 제작해보도록 한다.

먼저 종이와 펜으로 활동한 후 가방 고리 만들기를 진행하여 활동이 순조로이 잘 이루어졌으며, 자신의 작품을 소지할 수 있다는 즐거움에 아이들이 적극적으로 참여하는 모습을 볼 수 있었다. 각자 작품을 완성한 후에는 칠판에 붙여서 함께 작품을 감상하도록 하였다.

# 16. 작도를 이용한 나만의 하트 만들기

원과 사각형의 작도를 이용하여 하트모양을 만들어가는 과정 속에서 수학의 규칙성을 발견하고 색깔의 배합을 고려하여 자신만의 창의적인 하트모양을 만들어보자.

①

선분 AB를 작도한다.

②

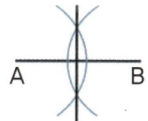

선분 AB를 2등분한다.

③

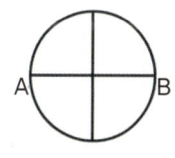

선분 AB를 지름으로 한 원을 작도한다.

④

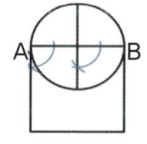

선분 AB를 지름으로 한 정사각형을 작도한다.

⑤

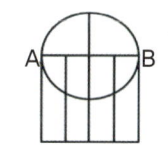

정사각형을 4등분한다.

⑥

⑤와 같은 모양으로 2개를 만들어서 서로 엇갈려 끼운다. 완성.

## 하트 만들기 1

1. 위의 작도 순서에 따라 반원과 정사각형을 그린다.

2. 정사각형을 4등분하여 자른다. (서로 다른 색깔의 종이로 2개 만든다.)

3. 만들어진 2개의 도형을 서로 직각으로 엇갈리도록 끼워넣으면 그림과 같은 하트모양을 만들 수 있다.

 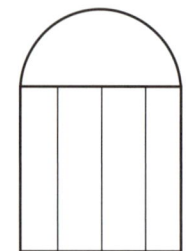 

## 하트 만들기 2

정사각형 부분의 모양을 아래와 같이 4등분한 후 반원으로 잘라서 엇갈리도록 끼워넣으면 체크모양과 작은 하트가 4개 있는 모양으로 만들 수 있다. 정사각형 부분을 5등분, 6등분 하거나 반원, 직선 등 다양한 선분을 이용하여 모양을 창의적으로 만들 수 있다.

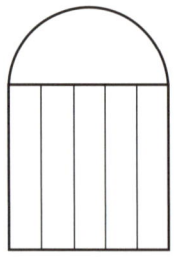 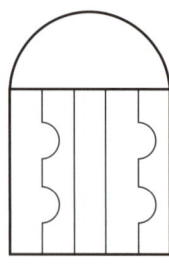 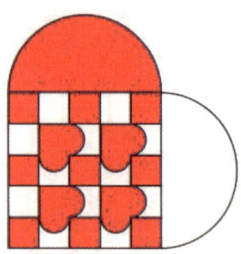

 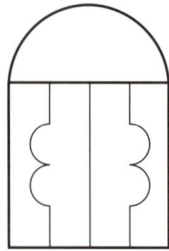 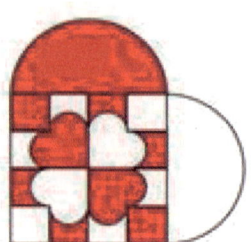

## 하트 만들기 3

나만의 창의적인 모양에 도전해볼까요?

도안 출처 : 수학사랑(http://www.mathlove.kr)

배움일기

## 자기성찰을 해볼까요?

| 번호 | 평가기준 | ★ | ★ | ★ | ★ | ★ |
|------|---------|---|---|---|---|---|
| 1 | 자와 컴퍼스를 이용한 도형의 작도가 정확한가? | | | | | |
| 2 | 색상 배합을 잘하여 아름다운 하트모양을 완성했는가? | | | | | |
| 3 | 다양한 모양으로 창의적인 작품을 완성하고 친구들과 협력했는가? | | | | | |

### 활동결과 나누기

### 수업안내

작도를 이용하여 하트모양 만들기를 하거나 수학사랑 몰에서 도안을 구입하여 사용할 수도 있다. 종이의 두께는 평량 160g 정도가 적당하다. 칼을 사용하는 것보다 가위를 사용하는 것이 더 안전하며, 컴퍼스 사용 시 지도가 필요하다.

짝과 색상지를 함께 고르게 하여 다른 색깔의 두 색지에 작도한 후 서로 다른 색끼리 직각으로 마주 끼우면 정사각형 영역이 겹치면서 하트모양이 만들어진다.

# 17. 칠교놀이 - 누가누가 잘하나

칠교놀이는 7개의 조각으로 다양한 모형을 만들어보는 활동으로 유럽에서는 탱그램(지혜의 판)이라는 이름으로 크게 유행하였다. 모둠별로 칠교판을 가지고 주어진 모양을 만들어보고, '각 도형의 변의 길이에는 어떤 수학 원리가 숨어있을까?' 생각하며 모둠원과 협력하여 스토리를 포함한 창의적인 작품을 만들어보도록 하자.

친구와 함께 아래에 주어진 모양을 만들어보고 창의적인 작품 제작에 도전해봅시다.

## 자기성찰을 해볼까요?

| 척도 | 4 | 3 | 2 | 1 |
|---|---|---|---|---|
| 추론하기 | 내가 가진 지식을 활용하여 정보에 관한 추론을 하고 결론을 도출해내고, 추론이 맞는지 알아보기 위해 점검을 한다. | 정보에 관한 결론을 도출해내고 추론하기 위해 알고 있는 지식을 활용한다. | 정보에 관한 추론을 하기 위해 도움이 필요하며, 이따금 자신의 추론의 근거를 충분히 제시하지 못한다. | 추론을 하는 데 어려움을 겪는다. |
| 능숙함 | 몇 가지 전략으로 수행에 대한 지식과 역량을 활용하여 가능한 많은 아이디어를 산출해낸다. | 몇 가지 아이디어를 산출해낸다. | 하나 이상의 아이디어를 산출하기 위해 도움이 필요하다. | 아이디어를 생각해내기가 매우 어렵다. |
| 정교화 | 칠교조각을 이용한 아이디어로 산출물을 만들기 위해 필요한 구체적인 세부사항을 추가할 수 있다. | 칠교조각을 이용한 아이디어를 적용하기 위해 세부사항을 추가할 수 있다. | 아이디어가 있더라도 적용하기 위한 세부사항을 생각해내려면 도움이 필요하다. | 아이디어를 적용하기 위한 세부사항을 생각하지 않는다. |
| 협력 | 아이디어를 공유하고 주제에 적절한 정보를 제공하며, 모둠원 모두가 아이디어를 내도록 독려한다. | 아이디어를 공유하고 모둠원 모두가 발표하게 한다. | 친구들의 요청이 있으면 가끔 아이디어를 공유하고 대부분의 모둠원이 발표하게 한다. | 아이디어를 공유하는 것을 싫어하고 모둠 토론에 참여하지 않는다. 종종 다른 사람들이 발표하는 것을 방해한다. |

## 활동결과 나누기

# 18-1. 착시현상
## – 우리가 보는 게 모두 옳을까?

다음 그림을 보고 물음에 답해봅시다.

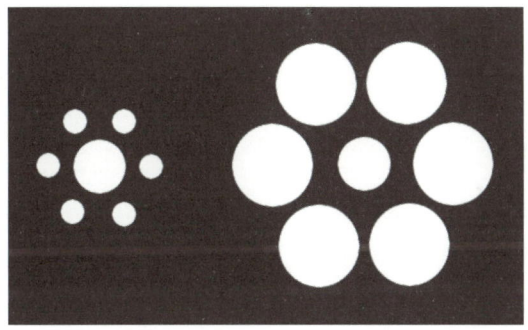

1. 위의 그림에서 더 커보이는 원은 어느 쪽인가요?

2. 두 원의 크기가 달라 보이는 이유를 적어봅시다.

다음 그림을 보고 물음에 답해봅시다.

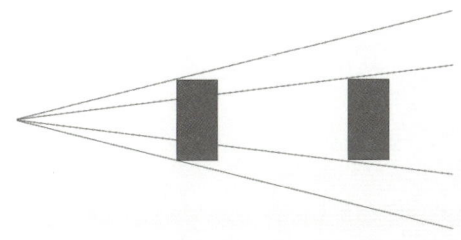

3. 위의 그림에서 어느 사각형이 더 커보이나요?

4. 두 사각형의 크기가 달라 보이는 이유를 적어봅시다.

다음 그림을 보고 물음에 답해봅시다.

5. 위의 그림에서 A, B의 색깔이 같을까요?

6. A, B의 색깔을 어떻게 비교해볼 수 있을까요?

다음 그림을 보고 물음에 답해봅시다.

7. 위의 그림에서 어느 선분이 더 길어 보일까요?

8. 두 선분의 길이가 달라 보이는 이유를 적어봅시다.

'눈으로 보는 것이 모두 옳은 것은 아니다'라는 것을 보여주는 착시현상에 대해 생각해보는 활동과 실제로 작도를 이용하여 확인해보는 활동이 재미있었나요?

이제 짝꿍과 함께 우리만의 착시현상을 만들어볼까요?

### 자기성찰을 해볼까요?

| 번호 | 평가기준 | ★ | ★ | ★ | ★ | ★ |
|---|---|---|---|---|---|---|
| 1 | 생활 속에서 볼 수 있는 착시현상을 말할 수 있는가? | | | | | |
| 2 | 착시현상이 생기는 이유가 무엇인지 말할 수 있는가? | | | | | |
| 3 | 자와 컴퍼스를 이용하여 착시현상을 정확히 작도하였는가? | | | | | |
| 4 | 모둠 활동 시 친구들의 의견을 경청하며 들었는가? | | | | | |
| 5 | 모둠 활동 시 자신의 의견을 논리적으로 말하였는가? | | | | | |

# 18-2. 착시현상 – 착시도형 만들기

1958년 영국의 수학자 로저 펜로즈(Roger Penrose)가 고안한 펜로즈 삼각형은 2차원의 사진으로는 완벽하나, 실제 3차원으로 만들 수는 없는 도형입니다. 이와 같이 기울기, 명암, 색상 등의 효과를 활용한 착시작품을 만들고 관찰해볼까요?

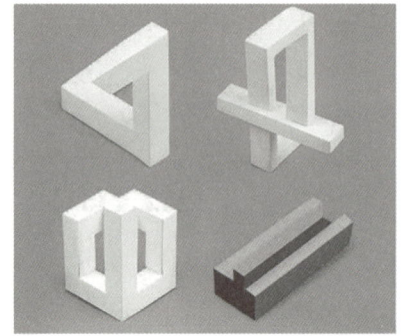

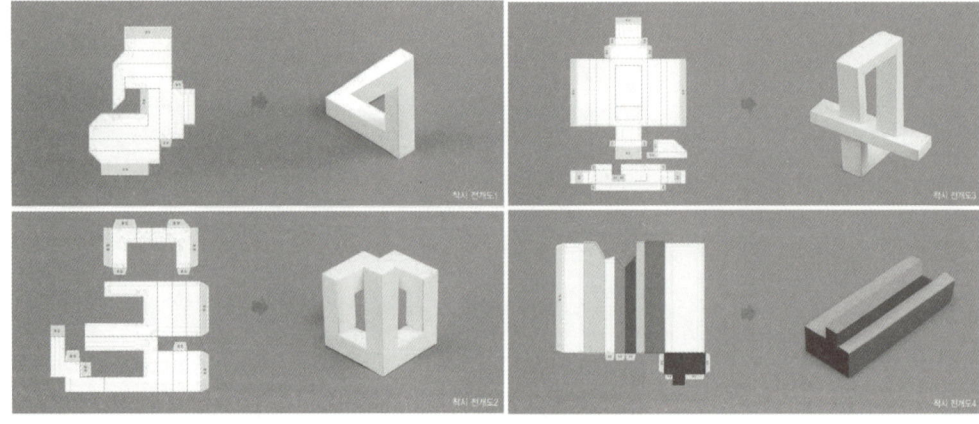

이미지 출처 : 수학사랑(http://www.mathlove.kr)

배움일기

친구들이 만든 작품을 어떤 각도로 보면 위의 그림과 같은 입체도형으로 볼 수 있을까요?

## 활동결과 나누기

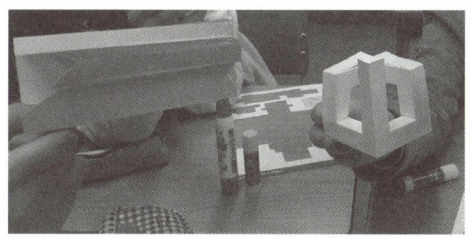 

### 수업안내

착시현상과 관련한 수업은 아이들의 인성교육과도 연계하여 지도할 수 있다. 우리가 배우는 목적은 남과의 비교가 아님을, 존재 그 자체로서 의미 있음을 이야기할 수 있다.

옆과 같은 그림을 제시하여 같은 그림을 보면서도 서로 다른 형상을 보는 것을 체험하게 함으로써 '우리가 보는 것이 모두 옳은가? 보고 싶은 것만 보는 것은 아닌가?'에 대하여 아이들과 함께 이야기하며 의견을 나누는 활동도 의미 있다. 착시도형 만들기 재료는 수학사랑 몰에서 구입하여 모둠별로 하나씩 제작하도록 했다. 착시현상을 확인하려면 사진으로 찍어서 보는 것이 더 명확하게 확인할 수 있으며, 각도에 따라 도형의 모양이 변하는 것을 관찰하게 하는 것도 의미 있다.

착시현상 관련한 영상(EBS 〈지식채널e – 착시이야기, 눈의 착각〉), 또는 착시그림을 보여준 후 활동을 진행하면 아이들의 흥미를 더할 수 있다.

# V

## 손으로 느껴보는 체험수학

# 체험수학으로 물드는 가을

우리가 아무리 피하려고 해도 일상 속에서 수학은 밀접하게 관련이 있다. 관심을 기울이는 만큼 알게 되고, 아는 만큼 보이는 수학. 수학의 즐거움을 느끼고 수학의 필요성과 유용성을 이해하여 수학에 대한 흥미와 자신감으로 배움을 즐기는 수학을 위한 체험전이 전국적으로 열리고 있다. '세상에 수를 놓다', '수학으로 물들다', '수학으로 꽃 피우다'를 주제로 전국에서 열리고 있는 수학체험전을 통해 만지고 보고 느끼는 탐구중심의 수학체험 활동의 기회를 가질 수 있다. 조작 활동을 통해 수학적 개념, 원리, 규칙성 등을 직관적으로 이해하여 수학적 소양을 기를 수 있다. 수학적으로 관찰하고 표현하는 경험을 통해 수학적 사실이 발견되는 것인지 발명되는 것인지 질문하고 답을 찾는 과정 속에서 수학적 아이디어를 발견하고 탐구하여 수학적 역량을 키워간다.

소개되는 수학체험 주제는 아이들과 함께한 활동 중 흥미 있어 한 활동, 직접 보고 느끼고 만드는 과정을 통해 수학을 즐길 수 있는 활동들이다.

수학체험 활동에 쓰이는 교구는 예전에는 외국에서 들여왔지만 여러 번의 행사를 통해 교구를 제작, 판매하는 곳도 생겼고, 교사들이 직접 교구를 제작하여 사용하기도 한다. 여기에 실린 체험교구는 수학사랑 몰에서 허락을 받고 이미지를 빌려와 그대로 실었음을 밝힌다.

# 19. 움직이는 그림 만들기

나만의 움직이는 그림을 만들어봅시다. 나머지 연산을 나타내는 MOD 개념을 이용하여 3가지 그림을 겹쳐 그려서 움직이는 효과를 내봅시다.

( 1 mod 3 = 1, 2 mod 3 = 2, 3 mod 3 = 0, 4 mod 3 = 1, 5 mod 3 = 2, 6 mod 3 = 0, · · · )

①

첫 번째 나타날 그림을
그린다.

②

두 번째 나타날 그림을
그린다.

③

세 번째 나타날 그림을
그린다.

④

첫 번째 나타날 그림의
첫 번째 칸을 칠한다.

⑤

두 번째 나타날 그림의
두 번째 칸을 칠한다.

⑥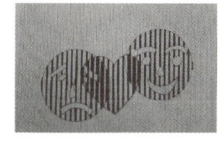

세 번째 나타날 그림의
세 번째 칸을 칠한다.

⑦

⑧

⑨

투명종이를 대고 그림 위를 움직여보면서 그림이 나타나는 것을 확인한다.

각자 생각한 움직이는 그림을 3개의 프레임으로 나누어서 그린 다음 움직여보면서 그 원리를 찾아봅시다.

■ 다음의 바탕지와 필름지를 참고하세요.

움직이는 애니메이션을 상상하면서 밑그림을 먼저 그린 후 첫 번째 나타날 그림은 첫 번째 칸에, 두 번째로 나타날 그림은 두 번째 칸에, 세 번째로 나타날 그림은 세 번째 칸에 색을 칠하면, 필름을 덧대어 종이 위를 움직일 때 마치 바탕에 그려진 그림이 움직이는 것처럼 보인다.

배움일기

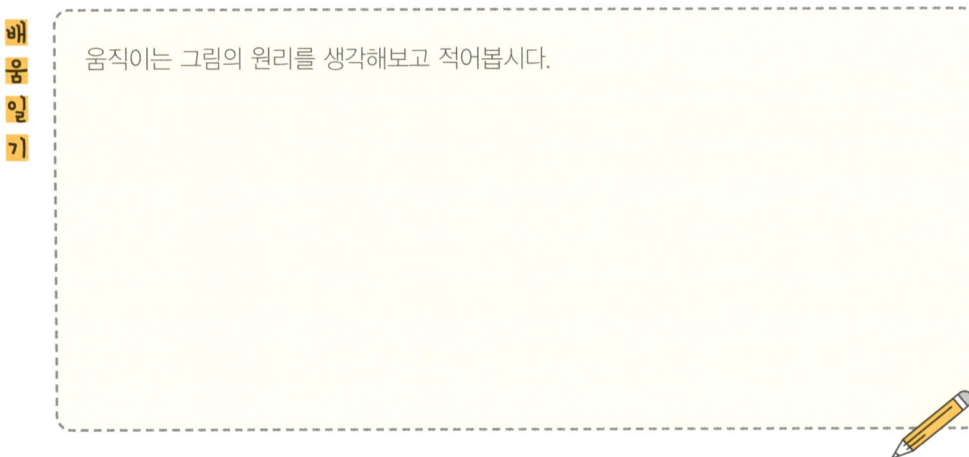

움직이는 그림의 원리를 생각해보고 적어봅시다.

자기성찰을 해볼까요?

| 번호 | 평가기준 | ★ | ★ | ★ | ★ | ★ |
|---|---|---|---|---|---|---|
| 1 | 움직이는 그림의 원리를 이해했는가? | | | | | |
| 2 | 움직이는 그림의 원리에 맞게 그림을 완성했는가? | | | | | |
| 3 | 창의적인 작품을 디자인했는가? | | | | | |

## 활동결과 나누기

### 수업안내

수업시간에는 3칸을 기준으로 하는 것이 적당하다. 색지를 바탕으로 하여 그림을 그리도록 하였고, 필름지는 OHP 필름지를 활용하였다.

Quiver 앱을 활용한 활동도 아이들이 재미있게 참여하는 활동이다. Quiver 앱을 이용하면 2차원의 그림을 3차원으로 볼 수 있다. 먼저 Quiver 공식 홈페이지(quivervision.com)에서 그림을 다운받아야 한다. 인쇄한 그림에 색칠한 후 Quiver 앱을 설치한 후 인식시키면 그림이 3차원 영상으로 움직이는 것을 볼 수 있다.

# 20. 아이큐 퍼즐 램프 만들기

퍼즐 램프는 1973년 덴마크의 홀거스트롬이 발명했으며, 같은 모양의 조각을 개수를 다르게 하여 조각 수에 따라 볼 모양, 별, 하트, 우주선 등 다양한 모양을 만들 수 있다.

## 아이큐 퍼즐 램프 만들기

준비물 : 아이큐 퍼즐 유닛 30개

직선으로 된 부분과 사선으로 된 부분을 구분한다.

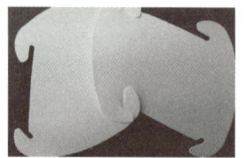

직선은 직선끼리, 사선은 사선끼리 연결해야 한다.

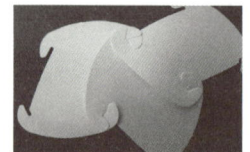

직선 부분은 3개, 사선 부분은 5개의 면이 모아진다.

사선 부분에 퍼즐 5개를 끼워 별모양을 만든다.

램프 안쪽의 모양

직선과 사선을 맞추어 연결해간다.

왼쪽 2개를 더 연결한 모양

램프의 안쪽모양

나머지 조각들도 같은 방법으로 연결해준다.

램프의 안쪽모양

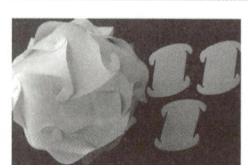

유닛 3개를 남겨둔 모습

완성된 모습

<table>
<tr><td rowspan="2">배<br>움<br>일<br>기</td><td>아이큐 퍼즐 램프를 만든 후 소감을 적어봅시다.</td></tr>
</table>

아이큐 퍼즐 램프를 만든 후 소감을 적어봅시다.

### 자기성찰을 해볼까요?

| 번호 | 평가기준 | ★ | ★ | ★ | ★ | ★ |
|---|---|---|---|---|---|---|
| 1 | 아이큐 퍼즐 램프의 구조물 원리를 이해했는가? | | | | | |
| 2 | 구조물의 연결이 단단하고 순서에 맞게 제작되었는가? | | | | | |
| 3 | 친구들과 협력하며 작품을 완성하고 즐겁게 참여했는가? | | | | | |

**활동결과 나누기**

**수업안내**

아이큐 퍼즐 램프 재료를 구입하거나 유닛을 다운받아 커팅프린터로 인쇄하여 사용하는 방법이 있다. 유튜브에 만들기 영상들이 많이 소개되고 있으며, 크기와 색깔을 다양하게 하여 원모양, 하트모양 등 다양하게 만들 수 있다. 커팅프린터로 인쇄하여 사용할 때는 유닛의 가운데 부분을 별모양, 하트모양 또는 수식이나 글씨 등이 보이게 오려내 무드등으로 활용해도 좋다. 유닛을 연결하는 원리만 이해하면 아이들도 쉽게 만들 수 있고 완성된 작품이 아름다워 만족도가 높은 활동이다.

# 21. 칼레이도 사이클 만들기

칼레이도 사이클은 사면체를 이어 붙여서 만든 도형이다. 돌릴 때마다 다른 면을 볼 수 있는 움직이는 입체도형이다. 칼레이도 사이클의 어원은 아름다움(kalos)+형상(eidos)+원(zyklus)으로, 즉 '아름다운 형상의 고리'라는 뜻이다. 삼각형의 모양과 개수에 따라, 칼레이도 사이클의 형태가 어떻게 달라지는지 확인할 수 있다. 또 칼집을 따라 생기는 무늬의 변화도 관찰해볼 수 있다.

## Closed 6

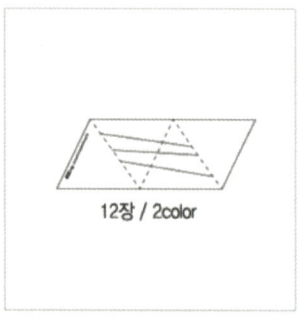

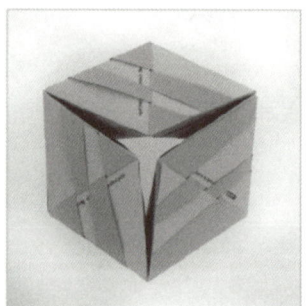

## Closed 8

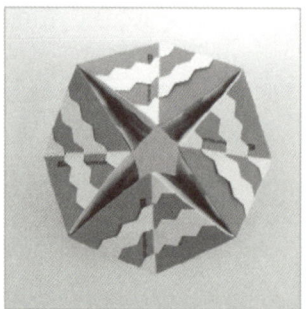

## Open 8

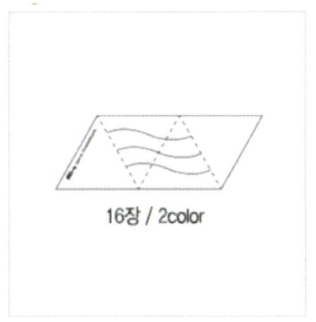

16장 / 2color

## Open 10

20장 / 2color

## Invertible Cube

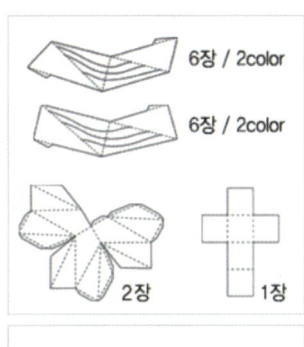

6장 / 2color

6장 / 2color

2장      1장

# 만드는 순서

### 1. 사면체 전개도 4장 기본형 만들기

  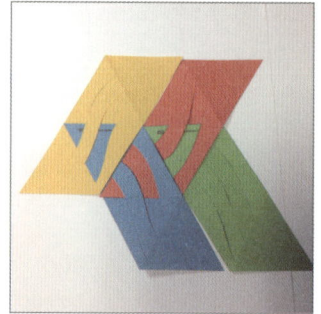

### 2. 사면체 전개도 이어서 만들기

 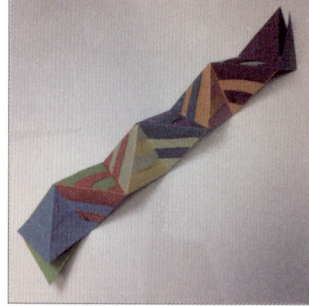 

### 3. Open Octagonal Kaleidocycle 만들기

칼레이도 이미지 출처 : 수학사랑(http://www.mathlove.kr)

그림을 보고 따라서 만들어볼까요?

 자기성찰을 해볼까요?

| 번호 | 평가기준 | ★ | ★ | ★ | ★ | ★ |
|------|----------|---|---|---|---|---|
| 1 | 칼레이도 사이클의 원리를 이해했는가? | | | | | |
| 2 | 만드는 순서에 따라 작품을 완성했는가? | | | | | |
| 3 | 작품을 완성하는 과정에서 친구들과 협력하며 즐겁게 참여했는가? | | | | | |

## 활동결과 나누기

### 수업 안내

사면체 여러 개를 고리모양으로 이어 붙여서 만든 3차원 퍼즐이다. 만드는 과정을 즐기는 아이들의 모습을 볼 수 있다. 수학사랑 몰에서 5종류의 다양한 자료가 제공되므로 자신의 수준에 맞는 것을 골라서 하도록 안내한다. 인터넷상에서 다양한 전개도 및 유튜브 영상도 볼 수 있다. 자신의 사진을 이용하여 칼레이도 사이클을 만들 수 있는 사이트도 있으니 도전해보라고 안내하면 만들기를 좋아하는 아이들은 가족사진으로 멋진 작품을 만들어 온다.

# 22. 오더리 삼각형 핸드폰 고리 만들기

오더리 삼각형은 구멍뚫린 삼각형 4개를 이용해 만든 입체 도형이다. 오더리 삼각형은 정다면체에서 변과 꼭짓점의 연결방식을 바꾸어 4개의 삼각형의 각 변의 중점에 꼭짓점이 오도록 서로 엇갈리게 결합하여 만든 도형이다.

## 오더리 삼각형 핸드폰 고리 만들기

준비물 : 연결봉(2cm) 12개 , 연결발(6발) 4개, 핸드폰 고리

①

재료를 준비한다.

②

연결발을 3등분해 'V' 모양을 12(3×4)개 만든다.

③

2cm 연결봉과 연결발을 사용하여 사진처럼 만든다.

④

삼각형의 중점에 다른 삼각형의 꼭짓점이 오도록 구조를 잡는다.

⑤

중점 위에 꼭짓점이 없는 변을 찾아서 연결봉을 끼운다.

⑥

연결발로 마무리하기 전에열쇠고리를 끼워준다.

삼각형의 각 변의 중점 위로 다른 삼각형의 꼭짓점이 올 수 있도록 도형을 관찰하는 것이 필요하다. 삼각형 프레임을 이용하여 삼각형의 가운데를 관통하여 집어넣고 연결하여 삼각형끼리 서로 엇갈려 고리를 이룬 형태가 되도록 하려면 손끝에 힘을 줘 끼워넣어야 한다. 연결봉과 연결고리는 휘어지기 쉬운 재질로 되어있다.

배움일기

오더리 삼각형의 구조를 이용하여 핸드폰 고리를 만든 후 소감을 적어봅시다.

## 자기성찰을 해볼까요?

| 번호 | 평가기준 | ★ | ★ | ★ | ★ | ★ |
|---|---|---|---|---|---|---|
| 1 | 오더리 삼각형의 원리를 이해했는가? | | | | | |
| 2 | 구조물의 연결이 단단하고 순서에 맞게 제작했는가? | | | | | |
| 3 | 연결봉의 색깔 배합이 아름답고 창의적인 작품을 디자인했는가? | | | | | |

## 활동결과 나누기

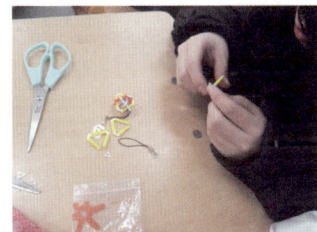

### 수업안내

오더리 삼각형 만들기의 원리는 4D 프레임을 활용한 오더리 사각형이나 테트라포드 열쇠고리 만들기에도 활용된다. 수학체험전 부스에서 빠지지 않고 등장하는 인기 있는 체험활동으로 수학사랑 몰이나 플로우수학 몰 등에서 재료를 구입할 수 있으며, 유튜브 영상도 많이 제공되고 있다.

특히 손끝이 야무진 아이들은 도형의 관찰에서부터 작품의 완성까지 교사의 도움 없이도 혼자서 척척 해내는 모습을 볼 수 있다.

# 23. 정십이면체 버킷리스트 만들기

꽃모양의 정오각형을 이용해 자신의 버킷리스트를 적은 정십이면체를 만들어볼까요?

## 생각해보기

가. 정다면체란?

나. 정십이면체는 어떤 다각형으로 이루어져 있나요?

다. 한 꼭짓점에 모이는 면의 개수는 몇 개인가요?

라. 정십이면체의 꼭짓점, 모서리의 개수를 구하는 방법을 이야기해봅시다.

마. 정오각형으로 또 다른 정다면체를 만들 수 있을까요?

## 정십이면체 버킷리스트 만들기

준비물 : 꽃모양의 전개도 1개, 색상지 2색, 풀, 가위, 색 볼펜

①

꽃모양의 도안을 12장 그린다.

②

실선을 따라 오려주고, 접는 선을 따라 접는다.

③

12장의 도안에 자신의 버킷리스트를 기록한다.

④

한 꼭짓점에 3개의 면을 모아 연결한다.

⑤

12장의 도안을 모아 정십이면체를 만든다.

⑥

친구들과 서로 만든 것을 살펴본다.

 **배움일기**

정십이면체 버킷리스트를 만든 후 소감을 적어봅시다.

 **자기성찰을 해볼까요?**

| 번호 | 평가기준 | ★ | ★ | ★ | ★ | ★ |
|---|---|---|---|---|---|---|
| 1 | 정다면체의 원리를 이해했는가? | | | | | |
| 2 | 정십이면체의 각 면에 자신의 생각을 정리하여 나타냈는가? | | | | | |
| 3 | 색깔의 배색이 아름답고 작품의 완성도가 높은가? | | | | | |

## 활동결과 나누기

## 수업안내

정다면체의 특징과 성질에 대하여 알아보고, 정오각형으로 이루어진 정십이면체를 만들어본다. 정오각형의 변에 반원을 그려 변끼리 서로 끼워넣어 도형을 완성하도록 하였다. 색지가 너무 두꺼우면 연결하기나 오리기가 쉽지 않고, 너무 얇으면 모양이 흐트러지고 찢어지기 쉬우므로 종이 평량은 160g 정도가 적당하다.

정십이면체의 각 면에 수학시간에 가장 즐거웠던 일, 내가 바라는 모습이나 방학 중 하고 싶은 자신의 버킷리스트를 적어보는 활동으로 흥미를 더할 수 있다. 또한 12개의 면을 이용하여 자신만의 달력을 만들어보는 것도 의미 있다.

# 24. 종이접기로 만드는 정이십면체

원을 이용하여 정삼각형을 접어보고, 정이십면체를 만들어볼까요?

## 생각해보기

가. 정다면체란?

나. 정이십면체는 어떤 다각형으로 이루어져 있나요?

다. 한 꼭짓점에 모이는 면의 개수는 몇 개인가요?

라. 정이십면체의 꼭짓점의 개수, 모서리의 개수는 어떻게 구할 수 있을까요?

마. 정삼각형으로 또 다른 정다면체를 만들 수 있을까요?

## 정이십면체 만들기

준비물 : 원모양의 전개도 20개, 정삼각형 접기용 1개, 풀, 가위

①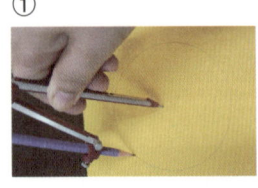
원을 그린다.

②
원을 4등분하여 중심을 찾고 사진과 같이 접는다.

③
접은 선과 원의 지름이 만나는 점을 접는 선으로 하여 접는다.

④
같은 방법으로 하여 정삼각형을 만든다.

⑤
20장의 원에 정삼각형을 모두 그린다.

⑥
정삼각형 모양으로 접는다.

⑦
각 꼭짓점에 5개의 삼각형을 붙인다.

⑧
정이십면체를 완성한다.

정이십면체 만들기 후 소감을 적어봅시다.

**자기성찰을 해볼까요?**

| 번호 | 평가기준 | ★ | ★ | ★ | ★ | ★ |
|---|---|---|---|---|---|---|
| 1 | 정다면체의 원리를 이해했는가? | | | | | |
| 2 | 원을 이용한 정삼각형 접기를 이해하고 정확하게 접을 수 있는가? | | | | | |
| 3 | 자신만의 창의적인 작품을 완성했는가? | | | | | |

## 활동결과 나누기

## 수업안내

정다면체의 특징과 성질에 대하여 알아보고, 정삼각형으로 이루어진 정이십면체를 만들어본다. 원을 이용하여 정삼각형을 접는 방법에 대하여 생각해본 후 이것을 이용하여 원에 내접하는 정삼각형을 이용하여 도형을 완성하도록 하였다.

정다면체는 볼록다면체 중에서 모든 면이 합동인 정다각형으로 이루어져있으며, 각 꼭짓점에 모이는 면의 개수가 같은 도형으로 5종류만 존재한다. 꼭짓점의 개수에서 모서리의 개수를 빼고 면의 개수를 더하면 그 값이 항상 2가 된다. 이 값을 '오일러의 수'라고 하는데 교육과정에는 빠졌지만 자유학기제 수업을 통해 아이들이 정다면체를 관찰할 수 있도록 하는 것도 의미 있다. 꼭짓점, 모서리, 면의 개수는 정다면체마다 다른데 그 계산한 값은 항상 같다는 것은 신기한 사실이다. 정다면체뿐만 아니라 굉장히 많은 도형에 대해서도 성립한다. 예를 들면 이집트의 피라미드에서도 성립한다. 여기서 나오는 위상동형을 정리하기 위해 나온 것이 위상수학이다. 천문학자 케플러(1571~1630)는 정다면체를 이용하여 태양계의 구조와 행성 간의 거리 등을 제시하기도 했다.

정십이면체 만들기에서와 같이 색지의 평량은 160g 정도가 적당하다.
정이십면체의 각 면에 시를 적거나 친구에게 보내는 편지를 적는 활동으로 흥미를 더할 수 있다. 삼각형 접기가 어려워서 시간이 부족한 아이들의 경우는 정팔면체나 정사면체를 만들어도 좋다.

커팅프린터가 있다면 다양한 수식이나 학교명, 아이들 이름을 넣어 무드등을 만들어보는 것도 의미 있다.

# 25. 수학기호로 내 이름 표현하기

수학교과 내용(수학기호, 용어, 도형 등)을 사용하여 자신의 이름을 멋지게 표현해보세요.

자신의 이름으로 멋진 삼행시를 지어보세요!

## 활동결과 나누기

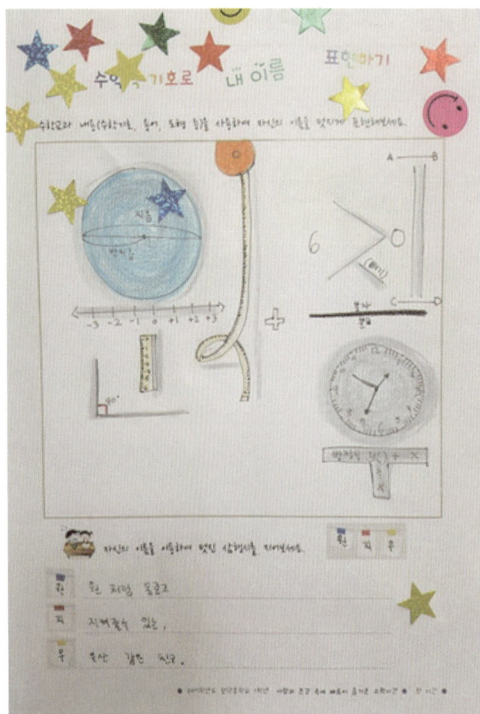

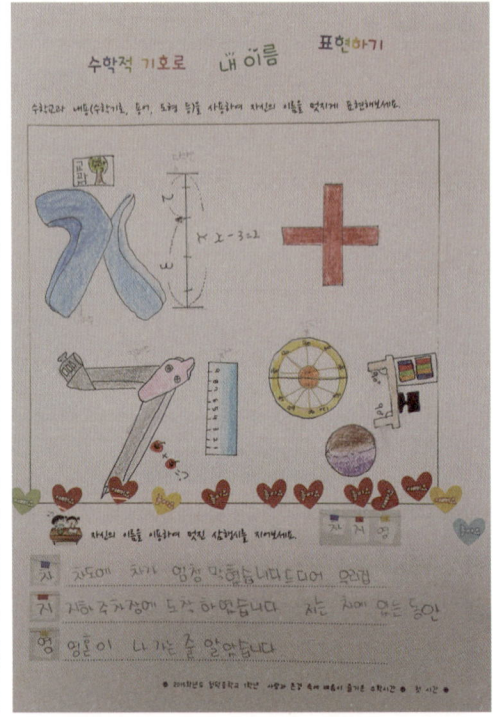

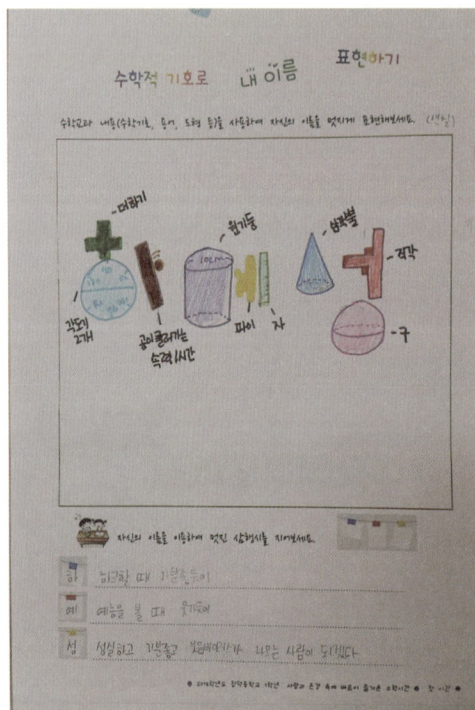

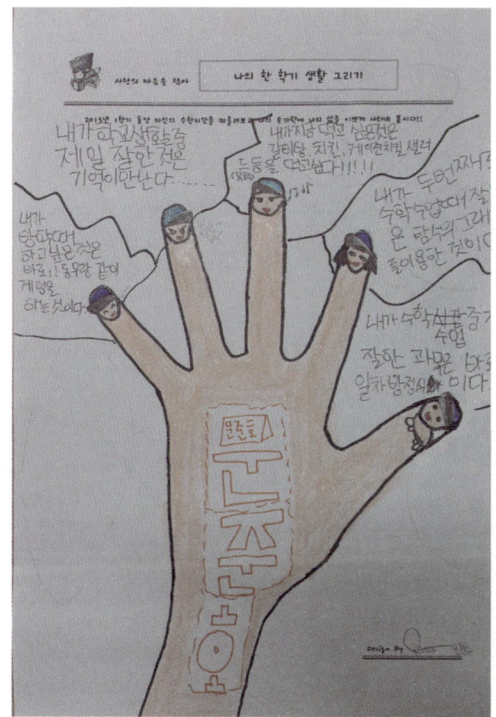

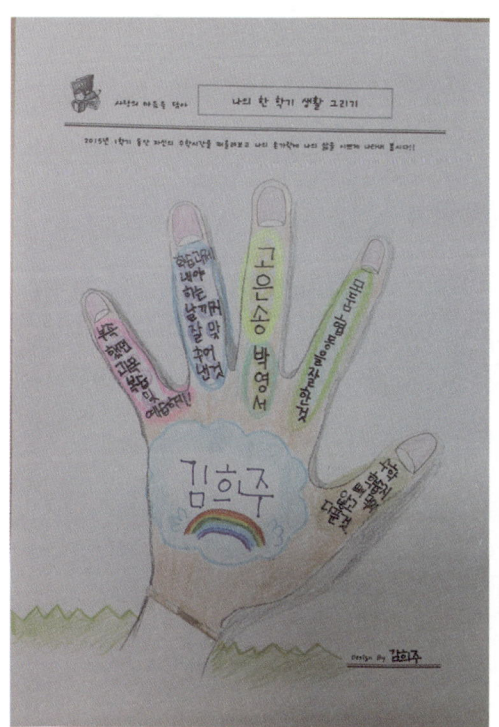

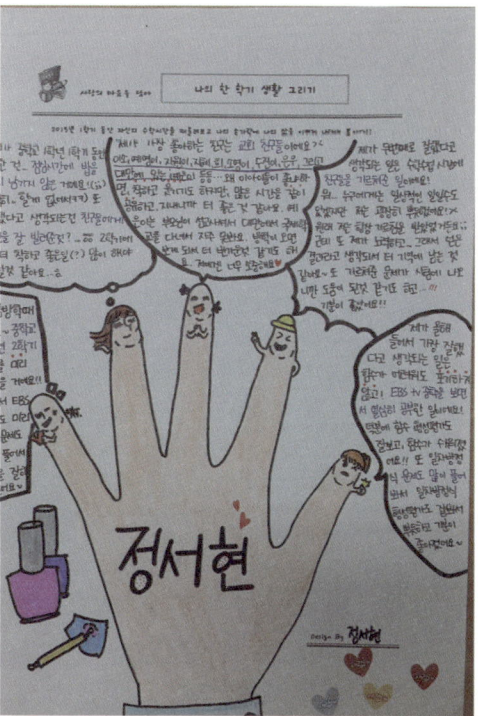

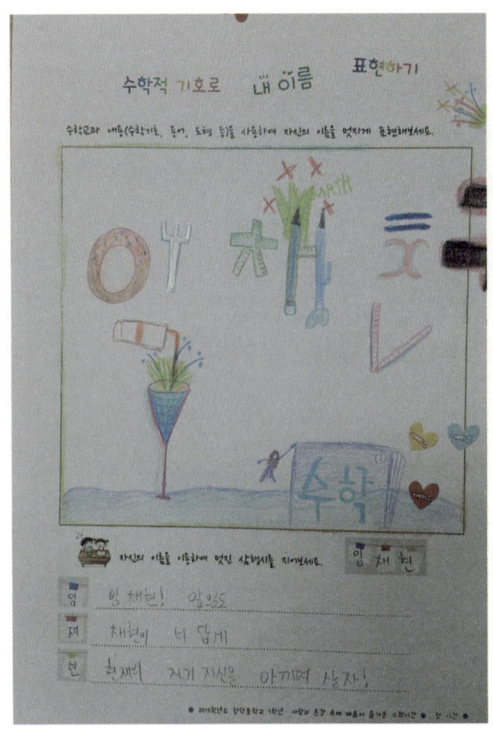
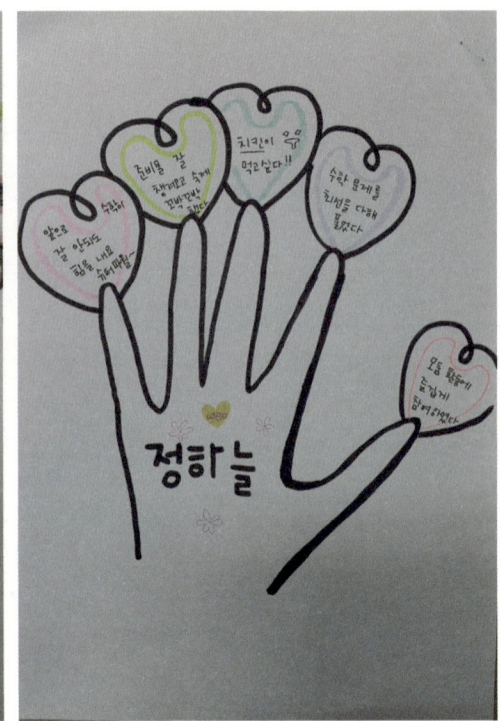

**수업안내**

모든 일에 있어서 시작과 끝은 중요하다. 주제탐구 '수학반' 활동을 되돌아보며, 자기평가
와 더불어 수학교과 내용 및 기호 등을 이용하여 자신의 이름을 꾸며보는 활동으로 자유학
기제 운영시간을 마무리한다.

아이들의 작품을 칠판에 붙여서 공유하고, 잘한 작품에는 스티커를 붙여 노력을 칭찬한다.
누가누가 잘하나 경쟁이 아니라 친구들의 작품을 서로 돌아보는 것에 의미가 있다.

# VI

## 부록

| 선택프로그램 | 아하 수학반 |
|---|---|
| | 담당교사 :　　　（34차시 프로그램 / __요일 ___교시） |

| 목적 | 다양한 수학 체험 활동을 통하여 수학에 대한 흥미를 불러일으키고, 수학의 필요성과 수학적 의사소통 능력, 창의적 사고력을 키우도록 함. |
|---|---|

| 차시 | 주 | 활동주제 | 학습자료 |
|---|---|---|---|
| 1<br>2 | 1 | 수학, 왜 배울까?<br>숫자 퍼즐 | 영상자료(수학 왜 포기하면 안되나? / 문명과 수학 / 박사가 사랑한 수식 / 몬티홀 딜레마) 활동지 |
| 3<br>4 | 2 | 작도를 이용한 나만의 하트 만들기 | 활동지, 컴퍼스, 자, 가위, A4종이 1/2 100장 |
| 5<br>6 | 3 | 움직이는 그림그리기 | OHP필름, 활동지, 검정색 사인펜 |
| 7<br>8 | 4 | 칠교놀이 – 누가누가 잘하나 | 활동지, 4절색지, 풀, 가위, 색연필 |
| 9<br>10 | 5 | 스트링아트 | 활동지, 자, 색 볼펜, 자석, 스티커 |
| 11<br>12 | 6 | 스트링아트 가방고리 만들기 | 활동지, 체험교구, 가위, 자석, 자 |
| 13<br>14 | 7 | 플랫랜드 속의 차원이야기 | 영상자료, 활동지 |
| 15<br>16 | 8 | 도전! 스도쿠 | 활동지 |
| 17<br>18 | 9 | 구 테셀레이션 – 나만의 축구공 만들기 | 구모양 스티로폴, 쌓기나무, 이쑤시개, 펜 |
| 19<br>20 | 10 | 착시이야기 | 영상자료, 활동지 |
| 21<br>22 | 11 | 착시현상 입체도형 만들기 | 체험교구, 풀, 가위 |
| 23<br>24 | 12 | 칼레이도 사이클 만들기 | 칼레이도 사이클 전개도, 활동지 |
| 25<br>26 | 13 | 정십이면체 달력 만들기 | 체험교구, 풀 |
| 27<br>28 | 14 | 원을 이용한 정이십면체 만들기 | 색상지, 원, 풀, 가위, 펜 |
| 29<br>30 | 15 | 로직 퍼즐 | 활동지 |
| 31<br>32 | 16 | 성냥개비 퍼즐, 뫼비우스의 띠 만들기 | 활동지, 직사각형 종이, 가위, 풀 |
| 33<br>34 | 17 | 수학기호로 내 이름 표현하기, 자기평가 | 활동지 |

※ 동료평가를 위한 스티커, 작품부착을 위한 자석, 스카치 테이프 등

| 선택프로그램 | 아하 수학반 | |
|---|---|---|
| | 담당교사 : | ( 34차시 프로그램 / __요일 ___교시) |

| 목적 | 다양한 수학 체험 활동을 통하여 수학에 대한 흥미를 불러일으키고, 수학의 필요성과 수학적 의사소통 능력, 창의적 사고력을 키우도록 함. |
|---|---|

| 차시 | 주 | 목적 및 내용 |
|---|---|---|
| 1<br>2 | 1 | 수학을 왜 배우는지에 대한 생각 나눔, 수학의 효용성, 실용성, 수학의 아름다움을 알게 됨 |
| 3<br>4 | 2 | 작도를 이용한 하트 모양 만들기 속에 숨어있는 수학적 원리를 알고 규칙성을 이용하여 새로운 모양으로 제작해 보는 창의성을 키움 |
| 5<br>6 | 3 | 자기가 생각한 움직이는 그림을 3개의 프레임으로 나누어서 그린 다음 움직여보면서 그 원리를 찾음 |
| 7<br>8 | 4 | 칠교놀이를 활용한 모둠별 작품 만들기를 통해 도형의 분할과 융합에 대해 배움 |
| 9<br>10 | 5 | 직선이 만들어내는 곡선의 아름다움을 발견하고 원형 틀, 사각형틀, 삼각형틀 등 다양한 틀에 함수식을 대입하여 창의적인 모양을 만듦 |
| 11<br>12 | 6 | 체험교구를 이용하여 원형 틀에 실을 끼워 가방 고리를 만들어보는 활동으로 드림캐처를 만들어볼 수 있음 |
| 13<br>14 | 7 | 평면나라의 도형이야기를 통해 3차원, 4차원의 세계에 대해 생각해보고 기하학의 기초인 점, 선, 면에 대해 배움 |
| 15<br>16 | 8 | 숫자에 대한 감각력을 키우고 논리적 사고력을 신장함 |
| 17<br>18 | 9 | 다각형을 이용하여 평면을 메우는 테셀레이션을 입체도형 구를 이용하여 아름답게 꾸며봄 |
| 19<br>20 | 10 | 눈에 보이는 것이 전부일까? 착시현상에 대한 영상자료를 보고, 자기만의 착시현상을 그림으로 표현해봄 |
| 21<br>22 | 11 | 체험교구를 활용하여 입체도형의 착시현상을 직접 경험해봄 |
| 23<br>24 | 12 | 여러 개의 사면체가 연결되어 회전하는 신기한 입체도형의 아름다움을 발견함 |
| 25<br>26 | 13 | 정다면체의 원리를 말하고, 모서리의 개수, 꼭짓점의 개수를 어떻게 구할지 토의해봄 |
| 27<br>28 | 14 | 원을 이용한 정삼각형을 종이접기활동으로 만들고 정삼각형을 이용하여 정이십면체를 만들어보는 활동을 통해 정다면체의 원리, 성질을 탐구함 |
| 29<br>30 | 15 | 숫자에 대한 감각력을 키우고 두뇌 활동을 활발하게 함 |
| 31<br>32 | 16 | 뫼비우스의 띠를 주제로 흥미로운 성질을 이해하고, 여러형태로 잘라봄으로써 다양한 형태의 모양을 만들어 실생활 활용의 예를 찾아봄 |
| 33<br>34 | 17 | 수학적 도구나 수학기호로 자신의 이름을 표현하는 비주얼 싱킹 수업으로 수학적 내용을 정리하고, 자유학기제 수업에 대한 자기평가의 시간을 가짐 |

| 선택프로그램 | 꼼지락 수학사랑반 |
|---|---|
| 담당교사 : | ( 34차시 프로그램 / __요일 ___교시) |

**목적**   다양한 수학 체험 활동을 통하여 수학에 대한 흥미를 불러일으키고, 수학의 필요성과 수학적 의사소통 능력, 창의적 사고력을 키우도록 함.

| 차시 | 주 | 활동주제 | 학습자료 |
|---|---|---|---|
| 1<br>2 | 1 | 수학, 왜 배울까?<br>숫자 퍼즐 | 영상자료(수학 왜 포기하면 안되나? / 문명과 수학 / 박사가 사랑한 수식 / 몬티홀 딜레마) 활동지 |
| 3<br>4 | 2 | 작도를 이용한 나만의 하트 만들기 | 활동지, 컴퍼스, 자, 가위, A4종이 1/2 100장 |
| 5<br>6 | 3 | 스트링아트 | 활동지, 자. 색 볼펜, 자석, 스티커, 유튜브 영상 |
| 7<br>8 | 4 | 스트링아트 가방고리 만들기 | 활동지, 체험교구, 가위, 자석, 자, 유튜브 영상 |
| 9<br>10 | 5 | 칠교놀이 – 누가누가 잘하나 | 활동지. 4절지, 풀, 가위, 색연필 |
| 11<br>12 | 6 | 플랫랜드 속의 차원이야기 | 영상자료, 활동지 |
| 13<br>14 | 7 | 로직 퍼즐 | 활동지 |
| 15<br>16 | 8 | 오더리 삼각형 열쇠고리 만들기 | 체험교구, 활동지, 가위, 유튜브 영상 |
| 17<br>18 | 9 | 도전! 스도쿠 | 활동지, 타이머 |
| 19<br>20 | 10 | 착시이야기 | 영상자료, 활동지, 자, 컴퍼스 |
| 21<br>22 | 11 | 정십이면체 버킷리스트 만들기 | 색상지, 도안 원본, 풀, 가위, 색 볼펜 |
| 23<br>24 | 12 | 성냥개비 퍼즐 | 커피막대, 자석막대, 활동지 |
| 25<br>26 | 13 | 종이접기로 만드는 정이십면체 | 색상지, 컴퍼스, 풀, 가위, 색 볼펜 |
| 27<br>28 | 14 | 칼레이도 사이클 만들기 | 칼레이도 사이클 전개도, 활동지 |
| 29<br>30 | 15 | 빙고게임 등 | 활동지 |
| 31<br>32 | 16 | 뫼비우스의 띠 만들기 | 활동지, 직사각형 종이, 가위, 풀 |
| 33<br>34 | 17 | 수학기호로 내 이름 표현하기, 자기평가 | 활동지 |

※ 동료평가를 위한 스티커, 작품부착을 위한 자석, 스카치 테이프 등

| 선택프로그램 | 꼼지락 수학사랑반 |
|---|---|
| | 담당교사 :　　　　（34차시 프로그램 / ＿요일 ＿＿교시） |

| 목적 | 다양한 수학 체험 활동을 통하여 수학에 대한 흥미를 불러일으키고, 수학의 필요성과 수학적 의사소통 능력, 창의적 사고력을 키우도록 함. |
|---|---|

| 차시 | 주 | 목적 및 내용 |
|---|---|---|
| 1<br>2 | 1 | 수학을 왜 배우는지에 대한 생각을 나누고 영상을 통해 수학의 효용성, 실용성, 수학의 아름다움을 알게 됨 |
| 3<br>4 | 2 | 작도를 이용한 하트 모양 만들기 속에 숨어있는 수학적 원리를 알고 규칙성을 이용하여 새로운 모양으로 제작해 보는 창의성을 키움 |
| 5<br>6 | 3 | 직선이 만들어내는 곡선의 아름다움을 발견하고 원형 틀, 사각형 틀, 삼각형 틀 등 다양한 틀에 함수식을 대입하여 창의적인 모양을 만듦 |
| 7<br>8 | 4 | 체험교구를 이용하여 원형 틀에 실을 끼워 가방고리를 만들어보는 활동으로 드림캐처를 만들어볼 수 있음 |
| 9<br>10 | 5 | 칠교놀이를 활용한 모둠별 작품 만들기를 통해 도형의 분할과 융합에 대해 배움 |
| 11<br>12 | 6 | 평면나라의 도형이야기를 통해 3차원, 4차원의 세계에 대해 생각해보고 기하학의 기초인 점, 선, 면에 대해 배우고 영화 속의 수학적 원리를 찾아봄 |
| 13<br>14 | 7 | 위쪽과 왼쪽에 있는 숫자들만큼 칸을 칠해 그림을 완성시키는 퍼즐로 논리적인 절차에 의해 문제를 해결함 |
| 15<br>16 | 8 | 삼각형의 각 중점 위에 다른 삼각형이 꼭짓점이 오게 하는 오더리 삼각형의 수학적 규칙을 알아보고 열쇠고리를 만들면서 입체에 대한 통찰력을 키움 |
| 17<br>18 | 9 | '숫자들이 겹치지 말아야 한다'는 뜻으로 게임 규칙이 단순하지만 머리를 많이 써야 하는 지능형 퍼즐로 숫자에 대한 감각력을 키우고 두뇌 활동을 활발하게 함 |
| 19<br>20 | 10 | 눈에 보이는 것이 전부일까? 착시현상에 대한 영상자료를 보고, 자기만의 착시현상을 그림으로 표현해봄 |
| 21<br>22 | 11 | 정십이면체의 성질을 탐구하고, 각 면에 자신의 버킷리스트를 작성하여, 정십이면체 도형을 만든 후 정다면체의 원리를 말하고, 모서리의 개수, 꼭짓점의 개수를 어떻게 구할지 토의해봄 |
| 23<br>24 | 12 | 여러 가지 도형에서 성냥개비 1개 혹은 여러 개를 움직여 다른 도형을 만들거나 숫자를 조합하여 다른 숫자를 만드는 퍼즐을 통해 수학적인 아이디어를 신장함 |
| 25<br>26 | 13 | 원을 이용한 정삼각형을 종이접기활동으로 만들고 정삼각형을 이용하여 정이십면체를 만들어보는 활동을 통해 정다면체의 원리, 성질을 탐구함 |
| 27<br>28 | 14 | 사면체 여러 개가 다양한 각도와 비율, 개수로 연결되어 만들어지며 끊임없이 회전하는 변환입체도형 관찰을 통해 수학적 원리를 탐구함 |
| 29<br>30 | 15 | 숫자, 친구 이름 등을 이용한 빙고게임으로 친구들과 함께 협력하고 배우는 즐거운 수업시간을 만듦 |
| 31<br>32 | 16 | 뫼비우스의 띠를 주제로 흥미로운 성질을 이해하고, 여러 형태로 잘라봄으로써 다양한 형태의 모양을 만들어 실생활 활용의 예를 찾아봄 |
| 33<br>34 | 17 | 수학적 도구나 수학기호로 자신의 이름을 표현하는 비주얼 싱킹 수업으로 수학적 내용을 정리하고, 자유학기제 수업에 대한 자기평가의 시간을 가짐 |

| 선택프로그램 | 푸는 수학반 | |
|---|---|---|
| | 담당교사 : | ( 34차시 프로그램 / __요일 __교시) |

**목적** 다양한 수학 체험 활동을 통하여 수학에 대한 흥미를 불러일으키고, 수학의 필요성과 수학적 의사소통 능력, 창의적 사고력을 키우도록 함.

| 차시 | 주 | 활동주제 | 학습자료 |
|---|---|---|---|
| 1<br>2 | 1 | 수학, 왜 배울까?<br>계산 퍼즐 | 영상자료(수학 왜 포기하면 안되나? / 문명과 수학 / 박사가 사랑한 수식 / 몬티홀 딜레마) 활동지 |
| 3<br>4 | 2 | 오더리 삼각형 열쇠고리 만들기 | 체험교구, 활동지, 가위, 유튜브 영상 |
| 5<br>6 | 3 | 아이큐 퍼즐 램프 | 활동지, 재료 |
| 7<br>8 | 4 | 플랫랜드 속의 차원이야기 | 영상자료, 활동지 |
| 9<br>10 | 5 | 스트링아트(연필, 가방고리) | 활동지, 자, 색 볼펜, 자석, 스티커, 체험교구, 가위, 자석, 자, 유튜브 영상 |
| 11<br>12 | 6 | 논리 퍼즐(외톨이, 진범)<br>도형 퍼즐(둘레의 길이, 개수) | 활동지 |
| 13<br>14 | 7 | 맹거스펀지 열쇠고리 | 활동교구, 목공용 풀, 물티슈 |
| 15<br>16 | 8 | 프랙탈, 무한의 세계 | 활동지, 자, 가위, 풀, 색연필, 색상지(80g, 120g) |
| 17<br>18 | 9 | 도전! 스도쿠 | 활동지, 타이머 |
| 19<br>20 | 10 | 종이접기로 만드는 정이십면체 | 활동지, 자, 가위, 풀, 색연필, 색상지(160g) |
| 21<br>22 | 11 | 논리 퍼즐(OX, 동물길 찾기)<br>빙고게임 | 활동지, 종이 |
| 23<br>24 | 12 | 로직 퍼즐 1, 2 | 활동지 |
| 25<br>26 | 13 | 테트라스퀘어 | 활동지 |
| 27<br>28 | 14 | 타임머신을 타고 가서 일차방정식 풀고<br>짝꿍과 일차방정식 만들기 | 활동지 |
| 29<br>30 | 15 | 루미큐브 | 보드게임 |
| 31<br>32 | 16 | 다리 잇기 퍼즐, 조각 잇기 퍼즐 | 활동지 |
| 33<br>34 | 17 | 자기평가 | 활동지 |

※ 수학 관련한 주제선택프로그램은 10개의 공통 활동 주제와 7개의 반별 특색활동으로 이루어집니다.

| 선택프로그램 | 푸는 수학반 |
|---|---|
| | 담당교사 :　　　　　( 34차시 프로그램 / _요일 __교시) |

| 목적 | 다양한 수학 체험 활동을 통하여 수학에 대한 흥미를 불러일으키고, 수학의 필요성과 수학적 의사소통 능력, 창의적 사고력을 키우도록 함. |
|---|---|

| 차시 | 주 | 목적 및 내용 |
|---|---|---|
| 1<br>2 | 1 | 수학을 왜 배우는지에 대한 생각을 나누고 영상을 통해 수학의 효용성, 실용성, 수학의 아름다움을 알게 됨. 숫자 3을 5번 사용하여 자연수 만들기, 유산상속에 관한 좋은 해결법 찾기, 두 종류의 급여에 관한 사항을 보고 유리한 쪽 선택하기 |
| 3<br>4 | 2 | 삼각형의 각 중점위에 다른 삼각형의 꼭짓점이 오게 하는 오더리 삼각형의 수학적 규칙을 알아보고 열쇠고리를 만들면서 입체에 대한 통찰력을 키움 |
| 5<br>6 | 3 | 같은 모양의 퍼즐 조각 30개를 순서대로 연결하여 램프모양의 작품을 완성함 |
| 7<br>8 | 4 | 평면나라의 도형이야기를 통해 3차원, 4차원의 세계에 대해 생각해보고 기하학의 기초인 점, 선, 면에 대해 배우고 영화 속의 수학적 원리를 찾아봄 |
| 9<br>10 | 5 | 직선이 만들어내는 곡선의 아름다움을 발견하고 원형틀, 사각형틀, 삼각형틀 등 다양한 틀에 함수식을 대입하여 창의적인 모양을 만든다. 체험교구를 이용하여 원형틀에 실을 끼워 가방고리를 만들어보는 활동으로 드림캐처를 만들어볼 수 있음 |
| 11<br>12 | 6 | 강도사건에 대한 진범을 찾는 수사에서 용의자의 말을 듣고 누가 진범인지 알아냄 |
| 13<br>14 | 7 | 맹거스펀지 열쇠고리 만들기를 통해 부피는 0에 가까워지는데 겉넓이는 커지는 프랙탈의 차원을 알아보고, 맹거스펀지 열쇠고리를 완성함 |
| 15<br>16 | 8 | 부분과 전체가 같은 모양을 하고 있는 기하학적 구조로 삼각형(사각형)을 반복하여 입체카드를 만들고 프랙탈의 차원을 생각해봄 |
| 17<br>18 | 9 | '숫자들이 겹치지 말아야 한다'는 뜻으로 게임 규칙이 단순하지만 머리를 많이 써야 하는 지능형 퍼즐로 숫자에 대한 감각력을 키우고 두뇌 활동을 활발하게 함 |
| 19<br>20 | 10 | 각 면에 자신의 버킷리스트를 작성하여, 정십이면체 도형을 만든 후 정다면체의 원리를 말하고, 모서리의 개수, 꼭짓점의 개수를 어떻게 구할지 토의해봄 |
| 21<br>22 | 11 | 주어진 문제에 대한 참, 거짓으로 정답을 찾아가는 추론, 동물원의 동물을 길이 겹치지 않게 우리로 들여보내기. 숫자, 친구 이름 등을 이용한 빙고게임으로 친구들과 함께 협력하고 배우는 즐거운 수업시간을 만듦 |
| 23<br>24 | 12 | 위쪽과 왼쪽에 있는 숫자들만큼 칸을 칠해 그림을 완성시키는 퍼즐로 논리적인 절차에 의해 문제를 해결함 |
| 25<br>26 | 13 | 사각형 나누기로 격자에 표시된 숫자만큼 직사각형, 정사각형의 칸을 나누는 퍼즐로 도형감각과 공간감을 키울 수 있음 |
| 27<br>28 | 14 | 기원전 1650년경에 만들어진 아메스 파피루스의 문제, 조선시대 수학자 홍정하가 펴낸 수학책 구일집에 실린 방정식 문제, 구장산술, 손자산경에 실린 수학문제를 풀어보고 만들어보기 |
| 29<br>30 | 15 | 숫자 1부터 13까지 4가지 색(빨강, 주황, 파랑, 검정)의 타일 2세트와 조커타일 2개로 이루어짐. 총 106개의 타일을 섞어 7개씩 쌓고, 각자 14개의 타일을 가져가 규칙에 맞게 먼저 모두 내려놓는 사람이 게임에서 승리함 |
| 31<br>32 | 16 | 다리 잇기, 조각 잇기 퍼즐로 도형감각과 수감각을 익힘 |
| 33<br>34 | 17 | 자유학기제 수업에 대한 자기평가의 시간을 갖고 비주얼 싱킹을 이용하여 수업 시간 활동을 돌아봄 |

# 해답과 예시

## 02 마야문명의 신기한 숫자 … p. 26

| 우리 숫자 | 54 | 365 | 1992 |
|---|---|---|---|
| 마야 숫자 | $20\underline{|54}$ … 14 ↗<br>　2<br><br>● ● 2<br><br>● ● ● ● 14<br>▬▬▬ | $20\underline{|365}$ … 5 ↗<br>　18<br><br>● ● ● 18<br>▬▬▬<br>▬▬▬<br><br>▬▬▬ 5 | $20\underline{|1992}$<br>$20\underline{|99}$ … 12 ↗<br>　4 … 19<br><br>● ● ● ● 4<br><br>● ● ● ● 19<br>▬▬▬<br>▬▬▬<br><br>● ● 12<br>▬▬▬ |

## 03 … p. 28

'계산 퍼즐'에서 필요한 것은 계산 능력이라는 지식적인 요소가 아니라 평소의 사고의 틀에서 벗어날 수 있는 사고의 유연한 발상이다. 그래서 아이들은 복잡해 보이는 문제라도 하나하나 경우를 따져 나가면서 논리적으로 추리하는 동안 문제를 해결하는 퍼즐의 재미와 함께 수학적 상상력을 키울 수 있다.

수학 퍼즐은 수학적 상상력 신장에 도움을 줄 뿐만 아니라 문제를 스스로의 힘으로 풀었을 때 무엇과도 비교할 수 없는 커다란 기쁨을 준다. 퍼즐을 해결하는 방법을 친구들과 나눠보는 활동을 통해 다양한 문제해결력을 키울 수 있다.

만물의 근원이 숫자라고 주장한 피타고라스는 현실을 이해할 수 있는 규칙을 숫자에서 찾았다. '만물의 원리는 수이며 만물은 수를 모방한다'는 피타고라스의 말처럼 우리 삶은 수와 밀접한 관계가 있으며 본능적으로 수학을 한다. 보기만 하면 바로 개수를 세어보고, 그 양을 가늠하기도 하며, 어떤 것은 넓이가 눈에 들어오기도 하고 어떤 것은 높이가 아주 중요하기도 하다. 이를 통해 이득과 손해를 구별 짓기도 하고 때로는 비교 우위에 따라 성취감을 느끼기도 한다. 이처럼 우리는 자신도 모르게 수학적 감각을 경험하며 살아간다.

1에서 9까지 나열된 수에서 100만들기 활동은 짝과 함께하는 활동으로 진행하였고, 규칙을 찾을 때마다 칠판에 나와서 기록을 하여 전체 학생들이 다양한 규칙을 찾아가는 과정을 볼 수 있도록 안내하고, 다른 방법으로 찾아보도록 수업을 진행하였다. 칠판을 이용하여 전체적으로 답을 확인하게 하는 것은 숫자의 배열에서 비슷한 형태의 다양한 규칙들을 발견할 수 있도록 안내할 뿐만 아니라 아이들이 찾은 규칙에서의 오류도 발견하게 하여 수업에 집중하게 할 수 있다.

## 03-1 계산의 달인은 누구?

### 1. [예시답안]

| 계산 결과 | 식 | 계산 결과 | 식 |
|:---:|:---:|:---:|:---:|
| 1 | $3 - (3 \div 3 + 3 \div 3)$ | 6 | $3 + 3 + (3 - 3) \times 3$ |
| 2 | $3 - (3 \div 3 \times 3 \div 3)$ | 7 | $3 \times 3 - (3 + 3) \div 3$ |
| 3 | $3 - 3 + 3 - 3 + 3$ | 8 | $3 + 3 + (3 + 3) \div 3$ |
| 4 | $(3 + 3 + 3 + 3) \div 3$ | 9 | $3 + 3 + 3 + 3 - 3$ |
| 5 | $3 + 3 \div 3 + 3 \div 3$ | 10 | $33 \div 3 - 3 \div 3$ |

## 2.

(1) 가 : 12, 나 : 14, 다 : 5

그림에서 ㈏와 ㈐의 곱이 210 이므로 (㈏, ㈐)의 가능한 경우를 생각해보면

(1, 210), (2, 105), (3, 70), (5, 42), (6, 35), (7, 30), (10, 21), (14, 15)가 있다.

그중에 ㈏는 ㈎와의 곱이 168이 되어야 하므로, 가능한 경우를 생각해 보면

(6, 35), (14, 15)가 가능하다.

㈏가 6일 경우, ㈐는 35가 되는데, 이때 ㈎×㈐=180이 될 수 없다.

㈏가 14일 경우, ㈐는 15가 되는데, 이때 ㈎×㈐=180이 가능하다.

㈐가 15라면 180÷15=12이므로 ㈎는 12가 된다.

㈎×㈏= 12×14=168이 되어 조건에 맞다. 따라서 ㈎는 12, ㈏는 14, ㈐는 15가 된다.


(2) 사 : 3, 아 : 16     또는     사 : 6, 아 : 16

그림에서 ㈐×㈏=18, ㈐×㈑=54, ㈏×㈑=48이다. ㈐×㈏=18, ㈐×㈑=54에서

㈑는 ㈏의 3배임을 알 수 있다.

즉, ㈑=㈏×3이 된다.

㈑와 ㈏의 경우를 생각해보면 (3, 1), (6, 2), (9, 3), (12, 4) 등이 되고

(3, 1)일 경우, ㈐는 18, ㈒는 16이 되고 ㈓는 16이 된다.

(6, 2)일 경우, ㈐는 9가 되고, ㈒는 8이 되어 ㈏는 16이 된다.

## 03-2 숫자 퍼즐 – 식 완성하기

**1.**

$$
\begin{array}{r}
8\ 7\ \boxed{2} \\
\boxed{7}\ 2\ 7 \\
+\ \ 1\ \boxed{5}\ 3 \\
\hline
\boxed{1}\ 7\ 5\ 2
\end{array}
$$

$$
\begin{array}{r}
\boxed{1}\ \boxed{1} \\
\times\quad \boxed{9}\ \boxed{2} \\
\hline
\boxed{2}\ 2 \\
\boxed{9}\ \boxed{9} \\
\hline
\boxed{1}\ \boxed{0}\ \boxed{1}\ \boxed{2}
\end{array}
$$

**2.**

$-1 + 2 - 3 + 4 + 5 + 6 + 78 + 9 = 100$

$1 + 2 + 34 - 5 + 67 - 8 + 9 = 100$

$1 + 23 - 4 + 5 + 6 + 78 - 9 = 100$

$1 + 23 - 4 + 56 + 7 + 8 + 9 = 100$

$12 - 3 - 4 + 5 - 6 + 7 + 89 = 100$

$12 + 3 - 4 + 5 + 67 + 8 + 9 = 100$

$12 + 3 + 4 + 5 - 6 - 7 + 89 = 100$

$123 - 4 - 5 - 6 - 7 + 8 - 9 = 100$

$123 + 4 - 5 + 67 - 89 = 100$

$123 + 45 - 67 + 8 - 9 = 100$

## 04-1 계산 퍼즐 – 유산상속 ⋯ p. 32

[답] 이 문제는 최대공약수, 최소공배수의 활용문제와 관련이 있는 문제이다. 우선 양의 마리 수는 $\frac{1}{3} \cdot \frac{1}{4} \cdot \frac{1}{5} \cdot \frac{1}{6}$로 나누어야 하므로 3, 4, 5, 6의 최소공배수인 60마리가 되어야 한다. 즉 3마리를 더해서 60으로 만든 후 큰아들은 $\frac{1}{3} \times 60 = 20$, 둘째는 $\frac{1}{4} \times 60 = 15$, 셋째는 $\frac{1}{5} \times 60 = 12$, 넷째는 $\frac{1}{6} \times 60 = 10$마리씩 나누어 가지면 된다.

17마리의 경우도 마찬가지로 같은 방법을 사용하여 첫째는 9마리, 둘째는 6마리, 셋째는 2마리로 나누면 된다. (2, 3, 9의 최소공배수 18로 나누면 된다.)


## 04-2 계산 퍼즐 – 어느 안을 택할까?

최소연봉액을 200만 원으로 하면,

| | A안 | B안 | | |
|---|---|---|---|---|
| | 연말 | 6월 | 연말 | 합계 |
| 1년째 | 200 | 100 | 101 | 201 |
| 2년째 | 203 | 102 | 103 | 205 |
| 3년째 | 206 | 104 | 105 | 209 |
| ⋮ | ⋮ | ⋮ | ⋮ | ⋮ |

B안이 유리하다.

## 05 타임머신을 타고 가서 풀어보자 ⋯ p. 35

**1.**

아하를 $x$라고 하면

$$x + \frac{1}{7}x = 19$$
$$7x + x = 133$$
$$8x = 133$$
$$x = \frac{133}{8}$$

**2.**

빠른 말 120리, 느린 말 75리, 9일 먼저 출발

빠른 말이 출발한 후 $x$일 만에 따라잡았다면, 두 말이 간 거리가 같다는 뜻이다.

빠른 말이 간 거리 $120x$

느린 말이 간 거리 $75\,(x + 9)$

식 : $120x = 75\,(x + 9)$

$\qquad 120x = 75x + 675$

$\qquad 45x = 675$

$\qquad x = 15 \qquad\qquad$ 답 : 15일

**3.**

돼지 : 다리 4개, 거위: 다리 2개

돼지를 $x$마리라고 하면, 거위는 $(15 - x)$마리

식 : $4x + 2\,(15 - x) = 40$

$\qquad 4x + 30 - 2x = 40$

$\qquad 2x = 10$

$\qquad x = 5 \qquad\qquad$ 답 : 5마리

**4.**

디오판토스의 나이를 $x$라고 하면

$$\frac{1}{6}x + \frac{1}{12}x + \frac{1}{7}x + 5 + \frac{1}{2}x + 4 = x$$

$$14x + 7x + 12x + 420 + 42x + 336 = 84x$$

$$9x = 756$$

$$x = 84$$

답 : 84살

**[학생 문제 만들기에서 나온 예를 이용한 서술형 문제]**

덕이가 국토순례를 한 총 거리를 $x$라고 하면

첫째 날 : $\frac{1}{3}x$

둘째 날 : $\left(x - \frac{1}{3}x\right) \times \frac{2}{5} = \frac{4}{15}x$

셋째 날 : $\left(x - \frac{1}{3}x - \frac{4}{15}x\right) \times \frac{1}{2} = \frac{6}{15}x \times \frac{1}{2} = \frac{1}{5}x$

마지막 날 : 35㎞

식 : $\frac{1}{3}x + \frac{4}{15}x + \frac{1}{5}x + 35 = x$

$\qquad 5x + 4x + 3x + 525 = 15x$

$\qquad 12x - 15x = -525,$

$\qquad -3x = -525,$

$\qquad x = 175$

답 : 175㎞

## 06-1 도형 퍼즐로 즐기는 수학 … p. 42

[예시답안]

**1.**

답 : 34cm

풀이 : 두 변이 8cm, 9cm인 직사각형이 경우

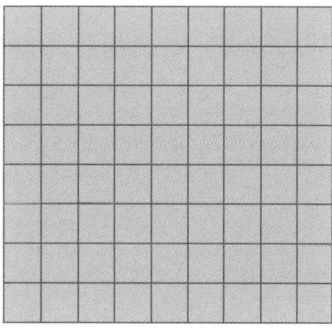

**2.**

답 : $\frac{30}{11}$ 또는 $\frac{120}{44}$

[그림답안]

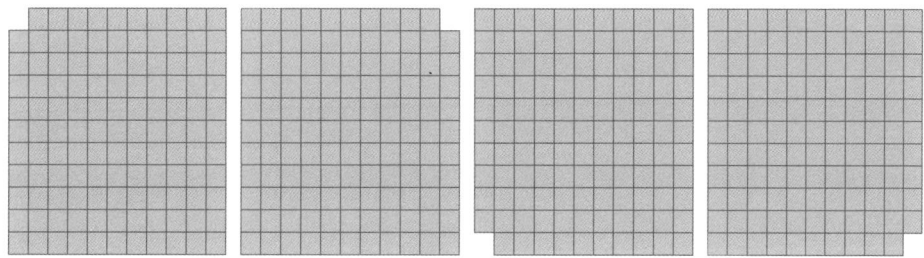

이 문제는 넓이와 둘레라는 수학적인 내용 요소와 함께 넓이가 일정할 때 둘레를 최소로 하려면 원(사각형일 경우 정사각형)에 가까운 모양이어야 함을 알고 있는가를 확인하는 문제이다. 또한 넓이가 고정되어있지 않고, 도형을 정사각형의 모양으로 만들 수 없을 때는 어떻게 $\frac{가}{나}$가 최대인 형태로 만들 수 있는지 구상하게 하는 데 의미가 있다.

## 06-2 도형의 개수는 모두 몇 개일까?

1. 27개

2. 30개

## 07–1 논리 퍼즐 – 외톨이를 찾아라 ··· p. 44

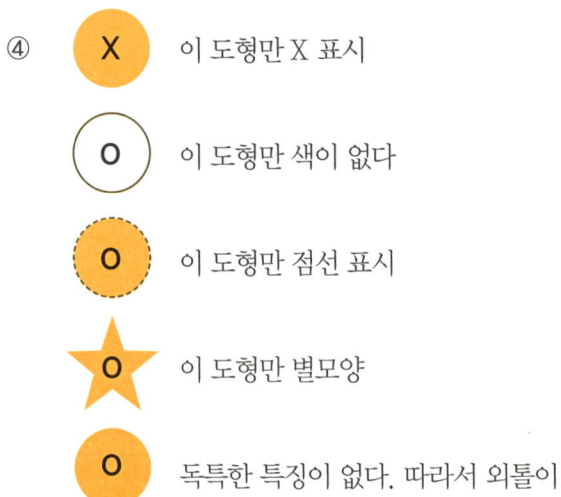

④

X  이 도형만 X 표시

O  이 도형만 색이 없다

O  이 도형만 점선 표시

O  이 도형만 별모양

O  독특한 특징이 없다. 따라서 외톨이

## 07–2 논리 퍼즐 – 진실을 말한 사람은 누구?

B와 C가 정반대의 말을 하고 있으므로 둘 중 하나는 거짓말을 하고 있다.

3명 가운데 2명이 거짓말을 하고 있으므로 A가 거짓말을 하고 있는 것이 된다.

즉, 과자를 먹은 범인은 A이다. 그리고 진실을 말한 사람은 B가 된다.

## 07–3 논리 퍼즐 – 집으로 보내주세요

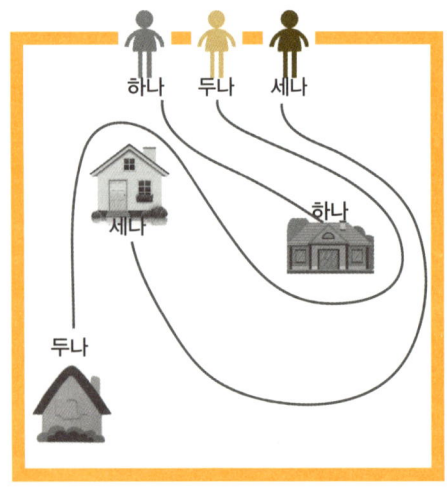

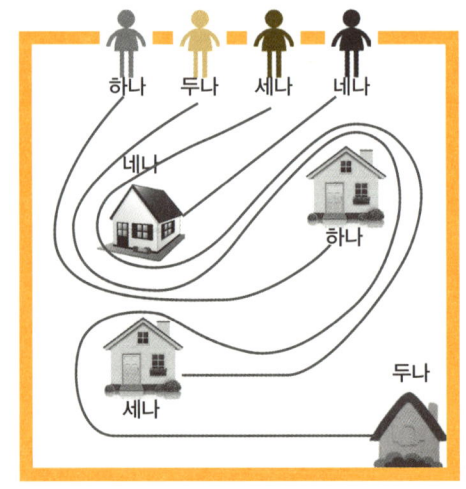

## 09-1 다리 잇기 퍼즐 ··· p. 50

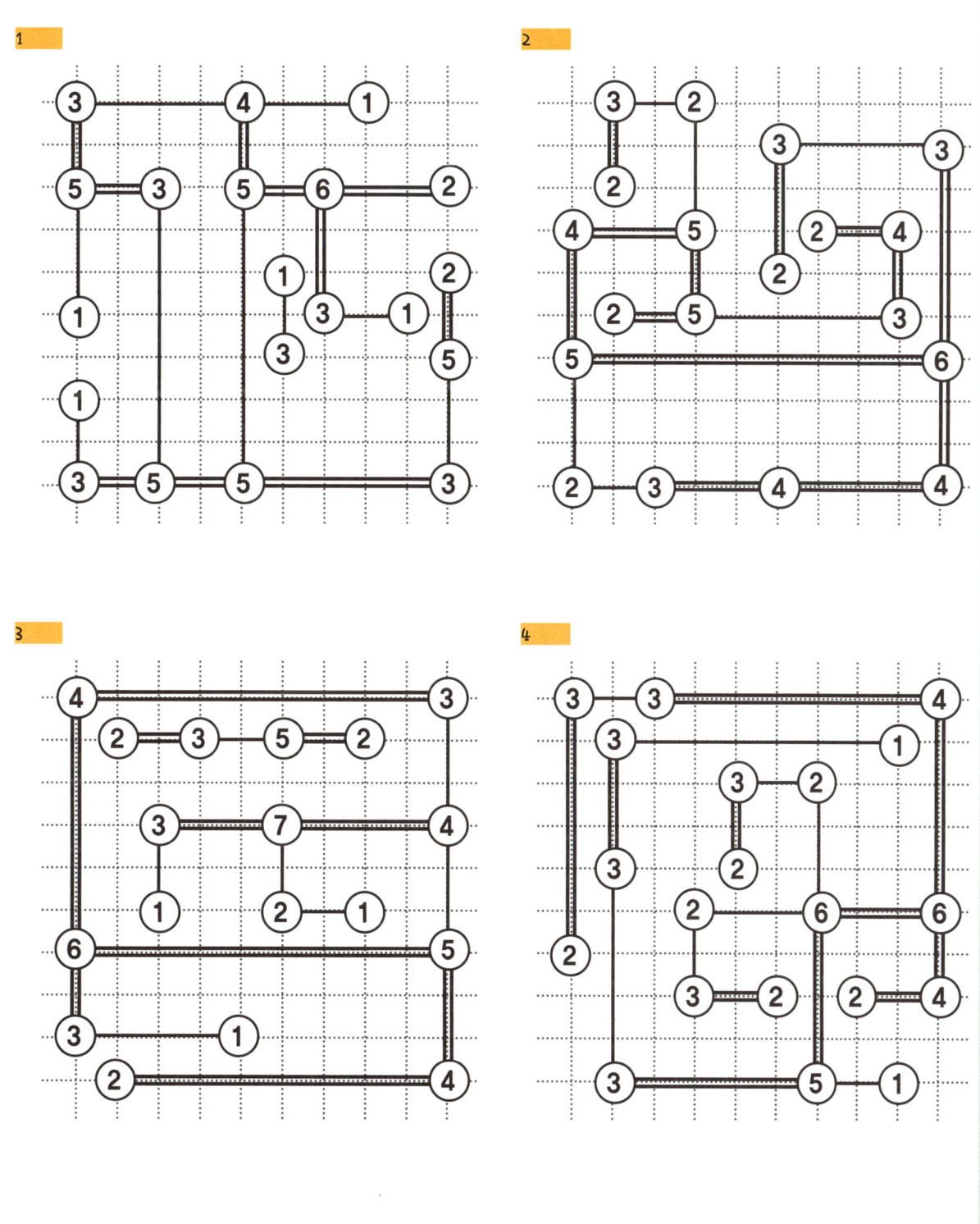

## 09-2 조각 잇기 퍼즐

**조각의 기호**

| ① | ② | ③ | ④ |
|:---:|:---:|:---:|:---:|
| ㉠ | ㉦ | ㉧ | ㉣ |
| ㉠ | ㉧ | ㉦ | ㉣ |
| ㉠ | ㉦ | ㉧ | ㉤ |
| ㉠ | ㉧ | ㉦ | ㉤ |

## 11 도전! 스도쿠 … p. 56

**1단계 – 1**

| 1 | 4 | 5 | 6 | 3 | 7 | 8 | 9 | 2 |
|---|---|---|---|---|---|---|---|---|
| 3 | 2 | 6 | 1 | 8 | 9 | 4 | 5 | 7 |
| 7 | 8 | 9 | 2 | 5 | 4 | 1 | 6 | 3 |
| 4 | 1 | 2 | 3 | 6 | 5 | 7 | 8 | 9 |
| 5 | 3 | 8 | 9 | 7 | 1 | 2 | 4 | 6 |
| 6 | 9 | 7 | 4 | 2 | 8 | 3 | 1 | 5 |
| 8 | 6 | 1 | 7 | 9 | 2 | 5 | 3 | 4 |
| 9 | 7 | 4 | 5 | 1 | 3 | 6 | 2 | 8 |
| 2 | 5 | 3 | 8 | 4 | 6 | 9 | 7 | 1 |

**2단계 - 1**

| 3 | 1 | 5 | 2 | 4 | 7 | 6 | 9 | 8 |
|---|---|---|---|---|---|---|---|---|
| 2 | 6 | 7 | 1 | 8 | 9 | 3 | 4 | 5 |
| 4 | 8 | 9 | 5 | 6 | 3 | 7 | 1 | 2 |
| 9 | 3 | 8 | 4 | 1 | 6 | 2 | 5 | 7 |
| 1 | 5 | 4 | 3 | 7 | 2 | 8 | 6 | 9 |
| 7 | 2 | 6 | 8 | 9 | 5 | 1 | 3 | 4 |
| 5 | 4 | 1 | 6 | 2 | 8 | 9 | 7 | 3 |
| 6 | 7 | 2 | 9 | 3 | 4 | 5 | 8 | 1 |
| 8 | 9 | 3 | 7 | 5 | 1 | 4 | 2 | 6 |

**3단계 - 2**

| 1 | 4 | 5 | 2 | 3 | 7 | 6 | 9 | 8 |
|---|---|---|---|---|---|---|---|---|
| 6 | 2 | 7 | 1 | 8 | 9 | 3 | 4 | 5 |
| 8 | 9 | 3 | 5 | 6 | 4 | 1 | 2 | 7 |
| 2 | 1 | 6 | 4 | 7 | 8 | 9 | 5 | 3 |
| 3 | 7 | 4 | 9 | 5 | 1 | 8 | 6 | 2 |
| 5 | 8 | 9 | 3 | 2 | 6 | 4 | 7 | 1 |
| 4 | 5 | 1 | 8 | 9 | 2 | 7 | 3 | 6 |
| 9 | 6 | 2 | 7 | 1 | 3 | 5 | 8 | 4 |
| 7 | 3 | 8 | 6 | 4 | 5 | 2 | 1 | 9 |

**2단계 - 2**

| 3 | 2 | 6 | 1 | 5 | 7 | 4 | 8 | 9 |
|---|---|---|---|---|---|---|---|---|
| 5 | 4 | 7 | 6 | 8 | 9 | 1 | 2 | 3 |
| 1 | 8 | 9 | 2 | 3 | 4 | 5 | 6 | 7 |
| 4 | 1 | 8 | 3 | 7 | 2 | 9 | 5 | 6 |
| 6 | 3 | 2 | 9 | 1 | 5 | 8 | 7 | 4 |
| 7 | 9 | 5 | 4 | 6 | 8 | 3 | 1 | 2 |
| 2 | 6 | 1 | 8 | 9 | 3 | 7 | 4 | 5 |
| 9 | 5 | 4 | 7 | 2 | 1 | 6 | 3 | 8 |
| 8 | 7 | 3 | 5 | 4 | 6 | 2 | 9 | 1 |

**4단계 - 1**

| 2 | 3 | 4 | 1 | 6 | 7 | 5 | 8 | 9 |
|---|---|---|---|---|---|---|---|---|
| 5 | 1 | 6 | 8 | 2 | 9 | 4 | 3 | 7 |
| 7 | 8 | 9 | 3 | 4 | 5 | 1 | 2 | 6 |
| 1 | 2 | 3 | 4 | 7 | 6 | 9 | 5 | 8 |
| 8 | 4 | 7 | 9 | 5 | 1 | 2 | 6 | 3 |
| 6 | 9 | 5 | 2 | 3 | 8 | 7 | 1 | 4 |
| 3 | 5 | 1 | 6 | 9 | 4 | 8 | 7 | 2 |
| 4 | 7 | 2 | 5 | 8 | 3 | 6 | 9 | 1 |
| 9 | 6 | 8 | 7 | 1 | 2 | 3 | 4 | 5 |

**3단계 - 1**

| 7 | 2 | 1 | 3 | 6 | 5 | 4 | 8 | 9 |
|---|---|---|---|---|---|---|---|---|
| 6 | 4 | 9 | 1 | 2 | 8 | 3 | 5 | 7 |
| 8 | 3 | 5 | 7 | 4 | 9 | 1 | 2 | 6 |
| 2 | 1 | 6 | 4 | 5 | 7 | 8 | 9 | 3 |
| 5 | 7 | 8 | 9 | 1 | 3 | 2 | 6 | 4 |
| 3 | 9 | 4 | 6 | 8 | 2 | 7 | 1 | 5 |
| 1 | 5 | 3 | 8 | 9 | 4 | 6 | 7 | 2 |
| 4 | 6 | 2 | 5 | 7 | 1 | 9 | 3 | 8 |
| 9 | 8 | 7 | 2 | 3 | 6 | 5 | 4 | 1 |

**4단계 - 2**

| 3 | 5 | 6 | 4 | 1 | 7 | 2 | 8 | 9 |
|---|---|---|---|---|---|---|---|---|
| 4 | 1 | 8 | 2 | 9 | 3 | 5 | 7 | 6 |
| 7 | 9 | 2 | 5 | 8 | 6 | 3 | 4 | 1 |
| 1 | 3 | 4 | 7 | 2 | 8 | 6 | 9 | 5 |
| 6 | 2 | 7 | 1 | 5 | 9 | 4 | 3 | 8 |
| 9 | 8 | 5 | 3 | 6 | 4 | 7 | 1 | 2 |
| 2 | 4 | 1 | 8 | 3 | 5 | 9 | 6 | 7 |
| 5 | 6 | 3 | 9 | 7 | 1 | 8 | 2 | 4 |
| 8 | 7 | 9 | 6 | 4 | 2 | 1 | 5 | 3 |

## 12 흥미로운 성냥개비 퍼즐 ··· p. 60

1.

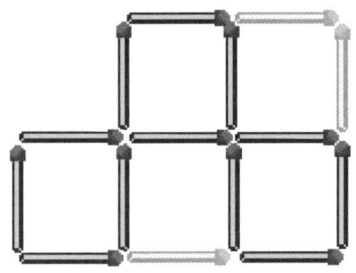

2.

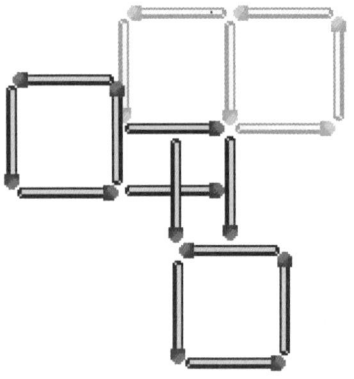

3.

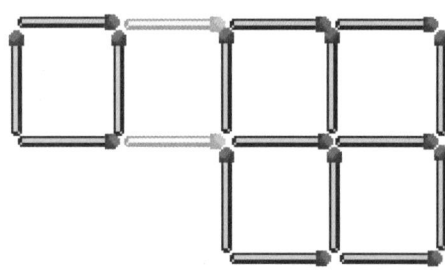

4.

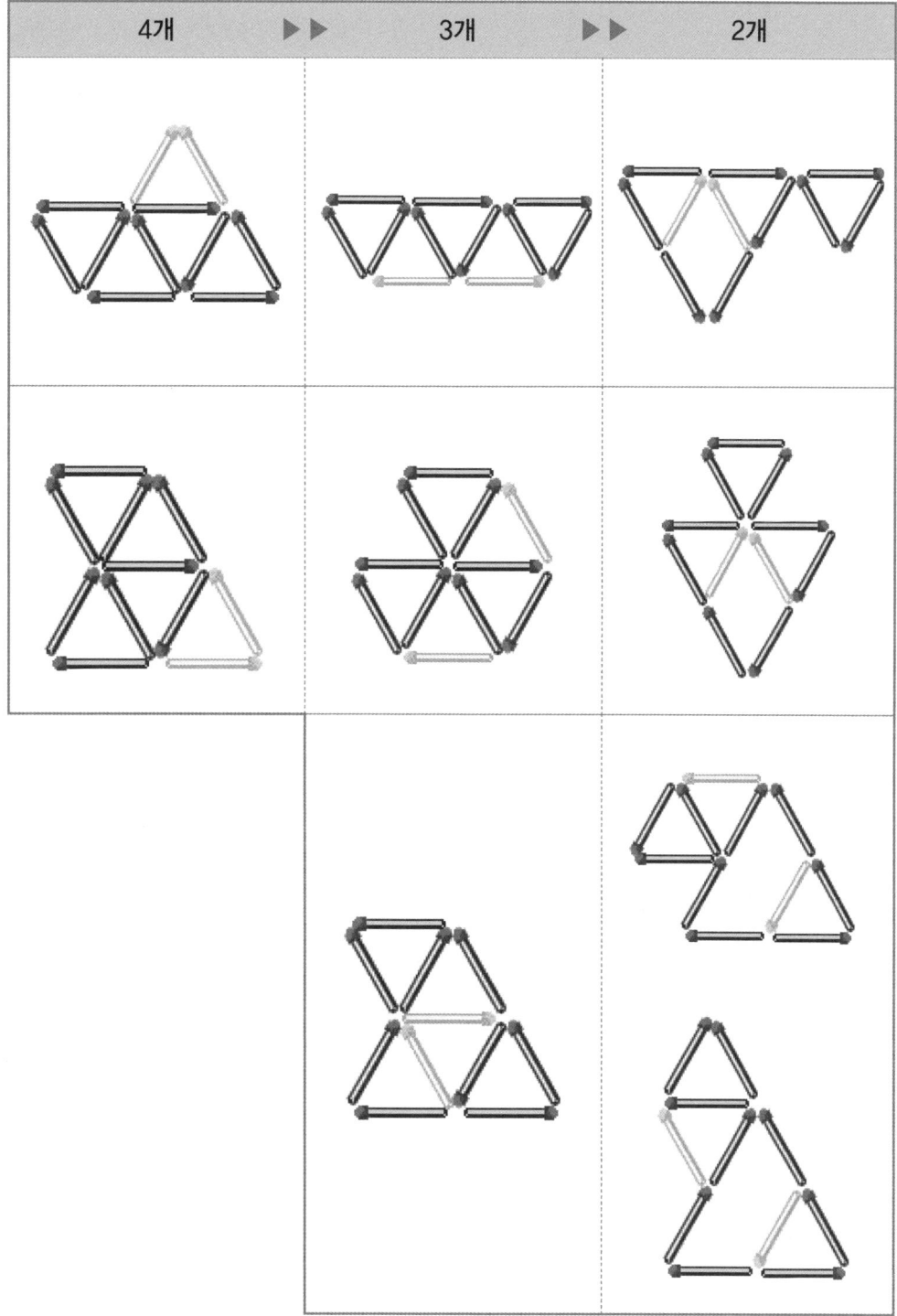

자유학기제를 위한 수학반 보물창고

# 살아있는 **수학**교과서

**초 판 1쇄** 2017년 12월 20일
**초 판 3쇄** 2020년 02월 25일

**지은이** 배 숙
**펴낸이** 류종렬

**펴낸곳** 미다스북스
**총 괄** 명상완
**편 집** 이다경

**등록** 2001년 3월 21일 제2001-000040호
**주소** 서울시 마포구 양화로 133 서교타워 711호
**전화** 02) 322-7802~3
**팩스** 02) 6007-1845
**블로그** http://blog.naver.com/midasbooks
**전자주소** midasbooks@hanmail.net

ⓒ 배숙, 미다스북스 2017, *Printed in Korea.*

**ISBN** 978-89-6637-549-3  13410

값 **13,000원**